十万个为什么
神奇的大自然
SHENQIDEDAZIRAN

《科普世界》编委会 编

内蒙古科学技术出版社

图书在版编目（CIP）数据

神奇的大自然 /《科普世界》编委会编. —赤峰：
内蒙古科学技术出版社，2016.12（2021.1重印）
（十万个为什么）
ISBN 978-7-5380-2751-8

I. ①神… Ⅱ. ①科… Ⅲ. ①自然科学—普及读物
Ⅳ. ① N49

中国版本图书馆CIP数据核字（2016）第313126号

神奇的大自然

作　　者：《科普世界》编委会
责任编辑：那　明　张继武
封面设计：法思特设计
出版发行：内蒙古科学技术出版社
地　　址：赤峰市红山区哈达街南一段4号
网　　址：www.nm-kj.cn
邮购电话：（0476）5888903
排版制作：北京膳书堂文化传播有限公司
印　　刷：天津兴湘印务有限公司
字　　数：140千
开　　本：700×1010　1/16
印　　张：10
版　　次：2016年12月第1版
印　　次：2021年1月第3次印刷
书　　号：ISBN 978-7-5380-2751-8
定　　价：38.80元

大自然是一个奇妙无比的世界，它能通过丰富多彩的视觉、听觉、嗅觉和触觉刺激，牵动人的好奇心，推动人的想象力，引导人在不断的提问中认识世界。

有人说，倘若自然不值得去认识，那么生命就不值得去认识。大自然为我们提供了甘甜的水、清新的空气、适宜的温度，还有我们脚下的土地，以及地底下埋藏的金属矿物。大自然在亿万年的海陆变迁中，赋予了地球特有的物质基础，从而才使生命的出现成为可能。

走进大自然，牛顿从苹果落地中发现了万有引力，达尔文因喜欢昆虫而最终提出了生物进化论……大自然就是这样，无论是摇曳在田野的植物，还是奔跑在林间的动物，都充满了智慧的力量。而且，这个让人既熟悉又陌生的世界还有着隐藏的一面需要揭开，自然史上存留的空白也在等待着人们去填充。

Part ❶ 神秘的天文

目录 Contents

P art 2
奇妙的地理

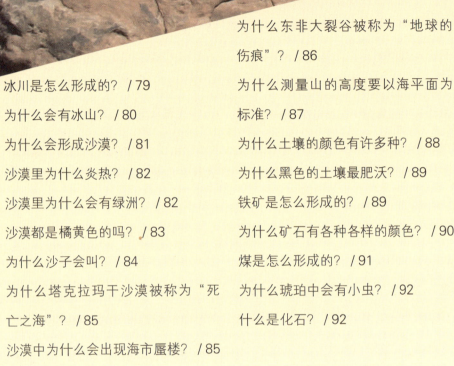

Part ❸
变幻的气象

Part 4
有趣的植物

part 1

神秘的天文

天空为什么是蓝色的?

我们看到的天空是蓝色的,是因为大气层的原因。由于大气层由不同的物质组成,如大气分子、冰晶还有水滴,在阳光的照射下就给我们呈现了蓝色的天空。太阳光是由红、橙、黄、绿、青、蓝、紫7种颜色组成的,当阳光进入大气时,波长较长的色光,如红光,它的透射力大,能透过大气射向地面;而波长短的紫色、蓝色、青色光,碰到大气分子、冰晶、水滴等时,就容易发生散射现象。被散射了的紫色、蓝色、青色光布满天空,就呈现出一片蔚蓝的景象。

▼ 大气层漫无边际

▲ 透过大气的阳光

什么时候的空气最新鲜？

很长一段时间，人们都认为早晨的空气是最新鲜的，其实这种认识是不对的。由于昼夜温差变化，当地面温度高于高空温度时，地面的污染物就容易被带到高空中。如果地面温度低于高空温度，就使地面空气中的污染物不易扩散，空气质量污浊。一般来说，在夜间、早晨、傍晚时分，地面温度都低于高空温度，所以空气不新鲜。而在白天，上午十点至下午三四点这段时间内，由于地面温度上升，"逆温层"被冲散，空气最新鲜，是锻炼身体的最好时间。

神秘的天文

为什么太阳是圆的?

　　宇宙天体间存在着万有引力,彼此间的力是恒定的,任何一种物质受到来自自身的恒力,最终一定会就趋于球形。引力会把一团物质拉向另一团物质,于是就会形成一个球形。这是为什么呢?因为只有球形才能使物质表面的任意一点到中心的距离相等,进而球面上任何一部分都不会"掉"向中心。引力会始终保持这种牵引作用,所以太阳是圆的。

▼ 太阳是太阳系的中心天体

▲ 太阳从东方升起

为什么太阳总是从东方升起？

　　太阳是一个恒星，可以认为它是"恒定不动"的，而地球却要围绕着太阳自西向东公转的同时，还要自西向东自转。人生活在地球上，会随着地球一起转动，但是却并不能感觉到这种运动，而只是会觉得太阳相对于自己在向西运动，直到地平线以下。所以，当生活在地球上的人在地球自西向东自转时，总觉得太阳是从东方升起，向西方落下。

▼ 海边落日

为什么朝阳和夕阳都是鲜红色的？

　　为什么朝阳和夕阳都是鲜红色的呢？这就要再次提到大气的作用。因为大气对色光有散射作用。大气对光的散射有一个特点，那就是波长较短的光容易被散射，波长较长的光不容易被散射。早晚时，阳光穿过厚厚的大气层时，蓝光、紫光因波长短大部分被散射掉了，剩下红光、橙光透过大气射入我们的眼睛。所以，我们看到的朝阳和夕阳都是红色的。

太阳发的光和热是从哪来的?

太阳每时每刻都在向外辐射着它那巨大的能量,就像一个炽热的大火球,给地球带来了光和热。太阳的主要成分是氢,里面有许多氢原子核,它们互相作用,结合成氦原子核,同时放出光和热,这叫热核反应。所以,太阳的能源来自原子能。太阳的原子燃料极其丰富,它能为我们提供几十亿年的光和热。

▼ 太阳始终在燃烧

▲ 刚刚升起的太阳

为什么早晨的太阳看起来是扁圆形的?

　　如果我们在太阳刚升起时看它，会发现它更近于扁圆形，这是为什么呢？实质上，由于大气的折射，我们所看到的任何星体的位置均比实际位置要高一些，而且越接近地平线高得越多。太阳是一个球体，因为各点与天顶距离不同，被大气折射的程度也不同，相比之下，太阳的下部比太阳的上部要折射得少，好像太阳在垂直方向上缩短了一些，于是看起来像压扁了似的。

为什么太阳可以晒干衣服却晒不干花草？

　　水分在太阳的照耀下就会蒸发掉。美丽的花草是有生命的，它们的生命是离不开水的。在阳光的照射下，它们叶子里的水分也会从叶子的"气孔"中流失。但是，花草还有根，根上有许多细小的根毛，这些根毛能从土壤中吸收水分，然后再输送到叶子里，使花草中的水分源源不断地得到补充。这样一来，花草就不会像衣服一样被晒干，而且可以在太阳的照射下茁壮生长。

▼ 植物的生长要靠太阳

月亮也会发光吗？

　　所有的行星都不会发光，月亮当然也不会发光，我们夜晚之所以能够看到月亮的光亮是因为它反射了太阳的光，无论白天和夜晚都是如此。那么，我们为什么白天看不见月亮呢？这是因为太阳的光过于强烈，把月亮的反射光淹没了。如果在天气好的地方，白天也是可以看到月亮的。

▼ 月亮靠太阳发光

▲ 月亮本身是不发光的

为什么月亮不能给我们带来温暖？

　　万物生长靠太阳，可见光是能量，但在夜晚我们也能看到发光的月亮，为什么我们感受不到温暖呢？原来月球不像太阳那样可以产生核裂变，它的热量来源于太阳，通常被太阳照射的一面会迅速升温，但由于月球表面没有大气层，温度得不到长久保持。此时，月球表面温度不到200℃，加上它与地球相距较远，还要经过再反射大气的折射，到达地球时热量已经发散得差不多了，所以我们几乎无法察觉到这些微弱的热量。

神秘的天文

为什么月亮"会跟着人走"？

　　小时你是不是也一边走一边望向天空，发现你走月亮也跟着你走？实际上，月亮不是跟着人走的。我们之所以会产生这种感觉，是因为我们选择的参照物是自己身边的景物，而月亮离我们很远。当人走动时，景物都要运动，于是月亮和景物间的关系就发生了视觉上的位置变化，因而让人有种错觉，以为月亮在跟着人走。

▼ 月光下的静物常被我们选择作为运动参照物

月亮的"脸"为什么会变形?

这和太阳、地球和月亮的相对位置有关。我们知道,月亮不能发光,它只是反射太阳的光。月亮不断地绕地球转,无论转到什么位置上,地球和月亮朝着太阳的半球都会被太阳光照亮,另外半球照不到太阳光。所以,有时候我们能看到月亮受太阳光照射的全部半球,有时候只

▲ 月亮比地球小很多,相当于地球的五十分之一

能看到一小部分,有时候完全看不到,使月亮的形状或"圆"或"缺"地发生变化,让我们欣赏到不同的"月相"。

为什么太阳和月亮看起来差不多大?

太阳比月亮大 6500 万倍。6500 万倍是多少呢?假如你的面前放着一个大麻袋,里面装满了小米。那么,太阳就是大麻袋,月亮则是袋里的一粒小米。也许小朋友要问:为什么太阳和月亮的大小看起来差不多大?这是因为太阳和月亮离地球的远近不一样。太阳离地球远,月亮离地球近,所以,它们看起来好像差不多大。

神秘的天文

为什么月亮不会掉下来?

我们知道月亮是地球的卫星,它是在一定轨道上围着地球转的,可它为什么不会掉到我们地球上来,或脱离它所在的轨道跑掉呢?

原来地球具有引力。地球的引力就像一只看不见的大手,紧紧地抓住了月亮。一个想离开,一个抓住不放,两种力量互相抗衡,所以月亮既不会掉到地球上来,也不会脱离固有轨道而跑掉。

为什么有时太阳和月亮会同时出现?

月亮是地球的卫星,它每个月绕地球一周,因此每个月有一次"朔"和一次"望"。在从"朔"到"望"的这半个月里,月亮位于太阳的东边,在日落以前就已出现在天空;从"望"到"朔"的半个月里,月亮位于太阳的西边,日出以后仍旧留在天空。所以,有时候太阳和月亮会同时在天空中出现。

▼ 月亮只有在太阳刚出和将落时会与其同时被看到

为什么中秋节前后的月亮最圆最大？

中秋是一个赏月的好时节，为什么在这个时间上月亮就又大又圆呢？中秋节前后，北方吹来的干冷气流会迫使夏季时的暖湿空气向南退去，空中的云雾逐渐减少。同时，由于太阳照射的倾斜角度渐渐变大，地面上得到的太阳光热逐渐减少。在清冷的秋风中，空中的水汽减少，变得透明如洗。所以，这时看天上的月亮，会觉得最圆最大。

▲ 中秋的月亮分外皎洁

什么是日食和月食？

月球是地球的卫星，在固定的轨道上绕地球公转，地球又带着月球围绕太阳公转。在运转期间，当月球位于地球和太阳中间，这三个天体处在一条直线上或几乎处于一条直线上时，由于月球挡住了太阳，这时就会发生日食。而当月球转到地球背向太阳的一面，这三个天体处于一条直线或几乎处于一条直线上时，因为地球挡住了照向月球的阳光，这时就会发生月食。

▲ 在古代民间，人们认为月食是"天狗吞月"

神秘的天文

15

为什么星星会一闪一闪的？

太阳是离我们最近的恒星，宇宙中像太阳这样的恒星多得如恒河之沙，那些在夜空中闪烁着光芒的繁星也是燃烧着的巨大的恒星。它们在几十亿千米外的外层空间向各个方向发射光线，这些光线传到地球上，必然要穿过地球大气层的不同空气层。由于空气层的厚度不同，光束边缘发出的光波到达地面时就很不规则，给我们的感觉像是在"眨眼"一样。

▼ 星体爆炸的碎片

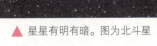

▲ 星星有明有暗。图为北斗星

为什么天上的星星有的亮有的暗？

当我们仰望夜空的时候会发现，天上的星星有的很暗，有的很亮。其实，星星的亮度取决于它的发光能力，星星的发光能力大小相差可达 100 亿倍。其次，取决于星星与我们距离的远近。一般来说，星星离我们越近就越亮，离我们越远就越暗。再者，星星的大小也是一个因素，不过大星星不一定发光很强，相反有些看上去暗淡的星星，往往是巨大的星星。

▲ 星团

天上到底有多少颗星星？

据天文学家研究，人用肉眼可见的天空中的星星一共有 3000 颗左右，而用望远镜观察，哪怕是一架最小的望远镜也可以看到 5 万颗以上的星星，而最大的天文望远镜能看到至少 10 亿颗以上。但是，天上的星星不止这些，有些星星离我们太远，它们在我们最大的望远镜下，也只是一个模糊的光斑而已，其中到底有多少颗星星更是没法计算。宇宙无穷无尽，我们现代天文学上所能看到的只不过是宇宙的一小部分而已。

星星会相撞吗?

　　虽然星空看起来特别稠密,但实际上星星之间的距离十分遥远,而且星星在天上的运行是有规律的。前面我们已说过,固有的引力把它们固着在一定的轨道上,所以它们之间不可能发生相撞,或者说相撞的可能性极小。

▼ 星星都有自己的运行轨道

什么是流星？

　　太阳系内，游荡着许多大大小小的石块和尘埃物质，当这些碎石、尘埃进入大气层后，会因为受到地球引力的作用，速度大大加快，在穿越大气层时便与大气发生激烈的摩擦，从而迅速地变热、燃烧、发光、气化，这种现象叫流星。流星落下，常在空中留下痕迹，那就是我们在夜空中所见到的那条很亮的弧形光。

▼ 壮观的流星雨景观

▲ 太阳通过辐射散发光芒

为什么恒星会发光而行星不会发光?

　　恒星会发光而行星不会发光,主要是因为组成它们的物质不同。组成行星的物质主要是陨石颗粒,而恒星主要是由氢及一些重元素组成,它本身可以发生核聚变而产生高辐射。恒星温度很高,能达到 1000 万摄氏度以上,可以释放出巨大的能量。这种能量以辐射的方式从恒星的表面发射到空间,使它们长期在宇宙中闪闪发光。行星的温度远远低于恒星,所以它们自己是不会发光的,而是反射恒星的光。比如,太阳这颗大恒星就会发出又热又刺眼的可见光,而行星——金星就不会发光,我们之所以能看到金星,是因为它反射了恒星——太阳的光。

神秘的天文

为什么恒星有不同的颜色？

　　由于恒星自身温度的不同，它们的颜色各有不同，这也取决于它们年龄的大小。其中，温度最高的恒星是蓝色的，这说明它很年轻，然后是白色、黄色（比如太阳），温度最低的恒星则呈现出红色，这说明它已进入老年了。恒星的颜色和恒星的大小没有关系，但是如果两颗同等温度的恒星相比，则大一点的恒星看起来更亮。

▼ 恒星的颜色多种多样

▲ 哈雷彗星

为什么彗星会拖条长尾巴？

　　彗星是一种极为普通的天体，它在运行的大部分时间里没有彗尾，只有运行到离太阳 3 亿千米左右时，在太阳风的作用下，才会从彗头抛出气体和尘埃微粒一同往外延伸而形成彗尾。彗尾形状像扫帚，长达数千万千米甚至上亿千米。

神秘的天文

为什么夏天看到的星星比冬天时多？

　　天上的星星很多，而且分布很不均匀，有的地方多些，有的地方则少一些。在我们所能观察的天空中，星星最多的地方是银河，银河是由密密麻麻的星群组成的。银河在天空中的位置是固定不变的，但由于地球围着太阳绕圈公转，所以一年四季中天上的星星位置会发生改变，银河也就处在了地球的不同方向。夏天时，银河位于正南正北方向，在这个方位看星星，看到的最多。

▼ 银河就这样倾斜地躺在宇宙中

▲ 极光景象

什么是极光？

在地球南北两极附近地区的高空，夜间常会出现红的、蓝的、绿的、紫的光芒，这种壮丽动人的景象就是极光。极光的产生和太阳活动、地磁场与高空稀薄的大气都有密切关系。我们知道，由于太阳是一个庞大炽热的球体，在它内部和表面存在着各种化学反应，并产生了强大的带电微粒流。当这种带电微粒流射向地球南北两极的高空大气层时，高层空气分子或原子激发或电离，由此就产生了极光。

神秘的天文

极光都有什么颜色？

　　极光是天空中一种奇特的自然光，其实只有在高纬度的地方才可以看见，它是人们能用肉眼看得见的唯一的超高层大气物理现象。极光的颜色五彩斑斓，这主要是由地球大气中的气体所决定的。通常来说，当带电粒子撞到氧原子时，氧原子会受激发，出现红光和黄绿色光；带电粒子撞到氮时，电离状态的氮发出蓝光，中性的氮发出的则是紫红色光。如果地球大气层充满了氖气，那么极光的颜色就是橘黄色。事实上，其他的气体也可发光，但我们的肉眼难以分辨出来。

▼ 绿色极光

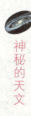

▲ 地球各处接收的太阳辐射是变化的

为什么一年有四季?

　　地球围绕太阳不停地公转，其公转的路径与赤道有个夹角，这个倾角，使太阳光在地球表面的直射点在南、北回归线之间移动，从而形成了春、夏、秋、冬四个季节。也就是说，当太阳直射点在北回归线时，北半球接受太阳辐射多，就是夏季；而南半球接受的少，就是冬季。当直射点在南回归线时，北半球接受太阳辐射少，就是冬季；而南半球接受的多，就是夏季。当太阳光直射点在赤道时，南北半球接受辐射相同，一个是春季，一个是秋季。例如，当北半球的北京处于大雪纷飞的严寒冬季时，南半球的澳大利亚却是烈日炎炎；当我国的华北平原忙于春耕播种时，澳大利亚则迎接着收获的金秋季节。

神秘的天文

为什么四季的长短不一样？

地球上四季时间长短不一样，主要取决于地球离太阳的远近。由于地球绕太阳运行的轨道是一个椭圆，太阳并不在这个椭圆的中心，而是在这个椭圆的一个焦点上。这样的话，地球在绕太阳运行的时候，与太阳的距离会有时近、有时远，所以，就出现了四季时长不一样的现象。

▼ 地球围绕太阳旋转

▲ 南极和北极只有两个季节

南极和北极有四季变化吗？

　　在北极圈和南极圈内，只有两个季节交替变化：半年是夏季，半年是冬季，冷暖程度十分明显。夏季，太阳整日不落，气温较高，叫作极昼；冬季，终日见不到太阳，气温很低，叫作极夜。事实上，北极和南极处在地球上的两个端点，虽然也会有阳光照射的时候，但阳光带去的热量很有限。所以，地球的南、北极始终是寒冷的。

神秘的天文

为什么"冷在三九""热在三伏"？

"三九"是指冬至以后的第三个九天，"三伏"一般是从夏至后的第三个庚日算起。冬至时，北半球白昼最短、黑夜最长，以后太阳光照的时间开始增加，但地面热量支出仍大于收入，所以，地面气温继续降低。到了地面吸收到的太阳辐射的热量等于地面散发的热量时，气温才达到最低，这个时间在"三九"前后，这就是我们所说的"冷在三九"。同理，夏至那天，我国大部分地区白昼最长，太阳辐射最强。此后，地面收入的热量仍大于支出的热量，气温还在继续不断攀升，到了"三伏"前后，大气的热量收入等于支出的热量，大部分地区气温达到最高，这就是所谓的"热在三伏"。

▼ 炎热的夏季

▲ 阳光是地球的光明之源

为什么会有极昼和极夜现象?

极昼和极夜是高纬度（极地）地区特有的自然现象。当出现极昼时，在一天 24 小时内，太阳总是挂在天空；而当出现极夜时，则在一天 24 小时内见不到太阳的踪迹，四周一片漆黑。产生这种现象的原因是：地球自转轴与公转平面之间有一个夹角，这个夹角在地球运行过程中是不变的，所以地球上的阳光直射点会南北移动。当太阳光直射在北回归线上时，整个北极圈内都能看到极昼现象，而整个南极圈内会出现极夜现象。当太阳直射到南回归线上时，整个南极圈都是极昼，而整个北极圈内出现极夜现象。

神秘的天文

为什么地球上最热的地方不在赤道地区？

　　赤道地区获得太阳的光能最多，却不是最热的地方。这是因为，赤道地区大多被海洋占据，广阔的赤道洋面，能把太阳的热量传向海洋深处，海洋的热容量大，水温升高得比陆地慢；同时，海水蒸发需要消耗大量的热量，所以赤道地区的温度不会急剧上升。以赤道横穿国境的厄瓜多尔来说，这里森林茂密，河流众多，气候凉爽，充分证明了赤道地区不是最热的地方的说法。

为什么离太阳越近的地方越冷？

地球表面的热量来源于太阳,而太阳是通过大气给地球增温,地球表面的红外线辐射又把热"返"回给大气,把地面上方的大气加热。大气的分子主要集中在低层,越往高处,空气越稀薄。也就是说,山下大气稠密,接受太阳的热多,"传"到地面上的热就多,地面再"返"给大气的热也多,所以气温比较高;而山顶的大气稀薄,接受太阳的热少,"传"到地面上的热也少,地面再"返"给大气的热也就少。每升高 100 米,气温会下降 0.6℃左右。我国祁连山、天山、昆仑山、喜马拉雅山这些高山的一些山峰上常年覆盖着冰雪,而赤道上有些很高的山峰也终年积雪。

▼ 常年积雪的祁连山

为什么白天和黑夜会有规律地更替？

　　地球上之所以有白天和黑夜的区别，是由于地球自转的缘故。自转中，地球总有一半是向着太阳，一半是背着太阳。向着太阳的半边接受到太阳光的辐射，就是白天；背着太阳的半边就是黑夜。地球每自转一圈就是一次白天、黑夜的更替，地球时刻不停地自转着，所以，白天和黑夜总是不断地、有规律地更替着。

▼ 地球的自转形成了黑夜与白天

▲ 南极四面环海

为什么南极比北极冷？

　　南极和北极是地球上最冷的地方，但二者相比起来，南极比北极还要冷些。因为南极是一个四面环海的冰原大陆，冰原上极为寒冷，最低气温能达到 -90℃，且一年四季经常遭遇强烈的风暴。而北极地区是四周被大陆包围的海，中间是北冰洋，其中还有一股大西洋暖流流入，使得北极地区的最低气温是 -60℃，比南极地区稍微暖和一些。

神秘的天文

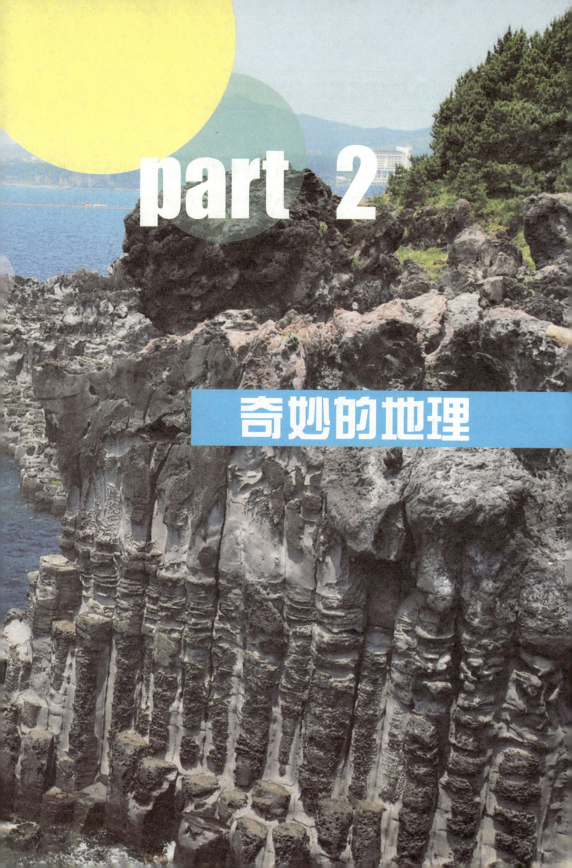

part 2

奇妙的地理

现在的海陆分离是怎么回事？

在很久很久以前，地球上所有的陆地都是连在一起的，后来发生了强烈的地壳运动，两个大陆板块发生碰撞，使得它们的前沿处产生翘曲，形成山脉。而在大洋中的板块因密度较大，则插入大陆板块之下，形成海沟。于是，现在的海陆分布状态就形成了。据地理学家研究，一年中，板块可以移动 2.5 厘米左右，在亿万年之后，地球还会有沧海桑田的变化。

▼ 阿尔卑斯山就是地壳运动的结果

▲ 来古冰川的冲积平原

平原是怎么形成的？

　　平原是人类的主要栖息地，主要有冲积平原和侵蚀平原两种类型。冲积平原主要是由河流携带的泥沙冲积而成，其特点是地表平坦、面积广大，多分布在河流中、下游的两岸。侵蚀平原主要是由海浪、风、冰川等外力的不断剥蚀、侵蚀而成，这种平原的地表起伏比较大。在我国，最常见的是冲积平原，比如华北平原、东北平原、长江中下游平原等都是面积广阔的典型的冲积平原。

奇妙的地理

为什么平原一般产生在河流经过的地方？

平原一般产生在河流经过的地方。这是因为，河流流经一些泥土疏松地区时会携带大量泥沙，这些泥沙被带到了河流的中下游地区，当河道变宽、流速下降时便沉积下来，形成中游地区的平原。而体积较小的泥沙，会继续随河流流动，等到了河口地区流速骤降时，质量体积小的泥沙便沉积下来，形成河口三角洲或者冲积岛屿（河流内的岛屿称为江心洲）。

▼ 亚马孙平原形成于亚马孙河中下游。图为亚马孙河流域

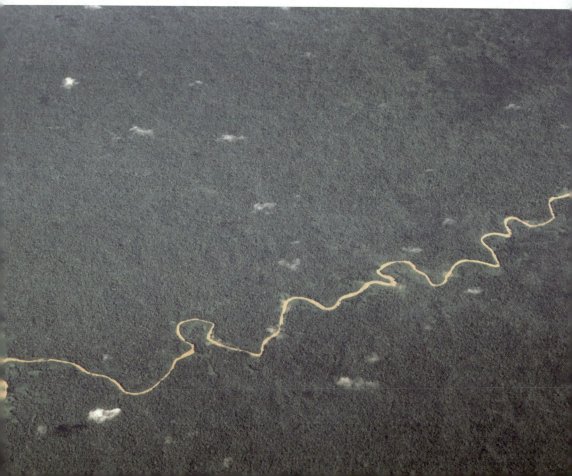

▲ 沼泽

沼泽是怎么形成的？

　　主要是由于地面长期积水或土壤长期过湿，致使土壤表层有机质堆积过多而缺乏植物养料的灰分元素，从而形成了沼泽地。河流中带有许多泥沙，这些泥沙会在水流变慢的地方沉积下来，并慢慢生长出许多植物。久而久之，就形成了沼泽。沼泽可能形成于河边水草生长的地带，也可能形成于沿海被海水经常淹没的地方。另外，杂草、芦苇丛生的地方，乃至陆地上也有可能出现沼泽。

奇妙的地理

盆地是怎么形成的？

　　盆地的形状就像一个盆，四周高，中间低。盆地的周围一般都围绕着高原或山地，中部是平原或丘陵。由于成因的不同，盆地可分为构造盆地、侵蚀盆地等。构造盆地是由于地壳构造运动形成的，如我国的吐鲁番盆地、江汉平原盆地。侵蚀盆地是由冰川、河流、风和岩溶侵蚀而形成的，如我国云南西双版纳的景洪盆地，主要由澜沧江及其支流侵蚀扩展而成。盆地面积大小不一，大的可达10万平方千米以上；小的盆地只有几平方千米，在贵州叫"坝子"。

为什么吐鲁番盆地被称为"火焰山"?

吐鲁番盆地位于我国西北部，这里地势低洼，气候干燥，气温很高又不易散发，在当地有"沙子里面烤鸡蛋，戈壁滩上烙大饼"的说法，是我国温度最高的地方。再者，盆地中还横卧着一条红色的砂岩，在烈日下呈现出火红的颜色。于是，炎热的气温，滚烫的地表，再加上红色的砂岩组合在一起，便构成了一座名副其实的"火焰山"。

▼ 吐鲁番盆地

奇妙的地理

什么是丘陵？

　　丘陵一般多分布在山地或高原与平原的过渡地带，但也有一些孤丘散布在平原之中，如我国北京市的八宝山。丘陵通常海拔在 500 米以下，相对落差不超过 200 米。一般孤立存在的称为丘，许多丘连在一起才成为丘陵。丘陵多是因为山地或高原长期经受侵蚀而形成的，而且多处在山前地带，所以丘陵地区的降水比较丰沛。在陆地上，丘陵分布十分广泛，我国就有 100 万平方千米的丘陵，相当于全国总面积的 1/10。

▼ 丘陵景观

▲ 河流风光

河流是怎么形成的？

　　海洋里的水蒸发后会再降落下来，这时，有的蒸发后降落在海上，而有的蒸发后却落到陆地上，于是，降落到陆地上的水便自动找寻路径从高处向低处流动，如果路径比较固定，水流的蚀刻就会形成一道沟壑，便成了河流。其实，河流一开始可能是融化的雪水，也可能是地面上涌出的一股泉水，或是雨水所汇集的小溪。但是，当水越聚越多时，便慢慢形成了河流。河流的源头一般是在高山上，然后沿着地势向下流，一直流入湖泊或海洋。

奇妙的地理

为什么山脊不能形成河流？

河流一般形成于山谷，而山脊却不能形成河流。这是因为山脊是海拔比较高的地方，河流受地球引力的影响会往低处流，那么就自然而然向着低矮的山谷流走了。再者，有的山谷本身就是河流侵蚀而成的。所以，山脊不能形成河流。

▲ 山谷河流

为什么我国河流大都自西向东流？

河流自西向东流是由我国地势决定的。大家都知道，我国的地势特点是西高东低，可分为三个阶梯：第一级阶梯是"世界屋脊"青藏高原，第二级阶梯是我国中部地区的盆地与高原，第三

级阶梯则是东部地区低矮的丘陵和平原。俗话说："人往高处走，水往低处流。"我国很多大江大河都发源于西部的高原，然后自西向东流向地势低平的东部，最后注入太平洋。

为什么河流中会有漩涡？

有时候，静静流淌的水流会突然在某处打起转来，形成漩涡。这是因为河流中常有桥墩、礁石等突出的物体，这些物体会阻碍流速很快的河水，使河水出现短时间倒退。倒退的河水遇到从后面冲上来的河水，又无法后退，所以只能在礁石等物体前打转，形成漩涡。此外，在河流急转弯的地方，由于河岸阻挡水流直线前行，而后面的水又要流过来，这样内外两侧的水流也会形成漩涡。

▼ 河流漩涡

为什么雅鲁藏布江有个马蹄形大拐弯？

喜马拉雅山地区有东西向和南北向两组断裂，彼此交叉。雅鲁藏布江是在喜马拉雅山隆起的初期调转流向，沿山脉北侧东西向大断裂东流。当遇到南北向大断裂造成的山脉缺口时，则改变流向，沿断裂缺口顺势南流。以后，由于雅鲁藏布江的下切速度始终能抵挡山脉缺口的抬升速度，所以保持了流向。就这样，雅鲁藏布江形成了一个马蹄形大拐弯，一路狂泻，同时也造就了举世无双的雅鲁藏布江大峡谷。

▼ 雅鲁藏布江

▲ 青海湖

为什么会有倒流的河？

在我国青海湖畔，有一条奇怪的河，它的水不是流向河口，而是流向源头，人们称它为"倒淌河"。这样倒流的河是怎么形成的呢？

远在几百万年前，青海湖一带是一片广阔无际的平原。平原上有一条古黄河支流——古布哈河，河水自西向东，流过今天的倒淌河谷地，然后注入古黄河。然而，在距今 13 万年前，这里发生了强烈的地壳升降运动，青海湖区断裂下陷，完整的古布哈河断裂为3段。从此，河流的西段和东段仍保持原来的流向，中断因地势隆起，变得东高西低，致使西来河水切段，而中断的河流汇聚了诸多细流，占用旧河道，向西流向青海湖。

奇妙的地理

▲ 雪山

在雪山上为什么不能大声说话？

　　在雪山上，一直有两种力量相互抗衡，那就是重力和积雪内聚力的抗衡，重力想将雪向下拉，而积雪内聚力却能把雪留在原地。当这两种力的较量达到高潮时，哪怕一点点外力都会打破这种僵局，比如动物的奔跑、石块的滚落、刮风乃至在山谷里喊叫一声等。只要这种力超过了将雪粒凝结成团的内聚力，便会引发一场灾难性的雪崩。所以，在雪山上不能大声说话。

为什么说喜马拉雅山是从海底长出来的？

在 2.25 亿年前，我们现在所看到的喜马拉雅山处是一片汪洋大海。到了 4 千万年前，地球表面分成了几个板块，其中被称为印度板块的大陆，逐渐以每年 6 ~ 12 厘米的速度向北漂移。两千万年后，印度板块与亚欧板块发生剧烈碰撞，中间的部位被挤得越来越高，便形成了现在世界上公认的最高山脉——喜马拉雅山。

▼ 珠穆朗玛峰是喜马拉雅山脉主峰

奇妙的地理

地球上的岩石是怎么产生的?

岩石是构成地球表面的物质，它随着地壳的缓慢运动而发生着改变。地壳运动时，高山受挤压耸起，经风化侵蚀后，被分解成沙砾、碎屑堆积起来，形成各种岩石。这些岩石可能沉入地幔，在高温下熔化，而当火山喷发时，便以岩浆的形式喷到地面上。液岩遇冷凝固，又变成岩石，然后经风化、分解，开始下一个循环周期。

▲ 被风化的岩石

为什么通过岩石可以测算地球的年龄?

地壳是由岩石组成的，岩石中又含铀和铅。科学家们通过测算岩石中铀和铅的含量，能够准确计算出岩石的年龄，并推算出地球上最古老的岩石大约有 38 亿年。我们用岩石的年龄，加上地壳形成前地球所经历的一段熔融状态时期，可以得出地球的年龄约为 46 亿岁。

▼ 岩石的年轮

为什么大理石有美丽的花纹？

　　实际上，一般出产大理石的地方，都曾是海洋。海底沉积着许多动植物的遗骸及碳酸钙，由于地壳的运动它们被深埋在地下，且发生了地质变化。其中，碳酸钙逐渐形成了白色的石灰岩，而那些动植物遗骸则夹在岩石中，逐渐演变为黑色的灰质岩。所以，大理石就有了美丽的花纹。

▼ 大理石的美丽花纹——天心洞

奇妙的地理

石灰岩溶洞是怎么形成的?

很多溶洞都是著名的旅游胜地，如杭州的瑶琳仙境、桂林的七星岩等。可是，这些引人入胜的溶洞又是怎样形成的呢?

经考察，这些地方都是一片片面积很大而又巨厚的石灰岩山地。石灰岩的主要成分是碳酸钙，很容易被含有二氧化碳的水溶解，并随水流走，天长日久，流水就会把岩石的裂缝和小孔侵蚀成大小不等的洞穴。这些洞穴中的水分经不断蒸发和沉淀，会形成各式各样的石笋和钟乳石。溶洞并不是处处可见，大多集中在我国南方，这是因为，石灰岩的溶解速度只有在南方高温多雨的条件下才能达到最佳。

▼ 石灰岩洞——黑风洞

▲ 钟乳石和石笋

为什么溶洞中生长着钟乳石？

溶洞中通常长着千姿百态的钟乳石和石笋，这是因为溶洞多是由石灰岩构成的。溶洞顶上有许多裂隙，裂隙里常有水滴渗出来。每次水分蒸发后，那里就会留下一些石灰质沉淀。时间长了，石灰质越积越多，就形成了钟乳石的雏形。之后，石灰质会越垂越长，甚至能达到几米以上。

石笋是钟乳石的亲密伙伴，当洞顶上的水滴不断落下时，地面上也会沉积起许多沉积岩，并朝着钟乳石不断向上生长。可以说，钟乳石比石笋先生长出来，但石笋底盘大，不易折断，所以它的生长速度比钟乳石还快，有的能长到 30 米高，就像平地里生长出来的"石塔"一样。

奇妙的地理

为什么"魔鬼城"会发出怪叫声？

新疆克拉玛依市北部有一座远近闻名的乌尔禾"魔鬼城"。这里的地貌形状很奇特，多是平顶的小山，而且狂风吹来时，还会发出种种怪叫声。那么，魔鬼城是怎么形成的呢？

原来，魔鬼城的形成与风力有关。在1亿多年以前，这里曾是一个大淡水湖，湖底沉积了一层层水平岩层。后来，地壳运动使这里抬升，湖水干涸，露在地表的岩层在强大的风力侵蚀下，就形成了顶部平整、形态各异的"城堡"地貌。除了风力，流水也起到了一定作用。因为往往是流水先冲出沟壑，风力再进行"加工"，最终形成了今天千姿百态的形象。

魔鬼城的格局，如"中央大街"的走向，而且西部高大、东部矮小，这是因为风从西面吹来，风蚀力自西向东递减，所以东西向沟谷容易受到更强烈的风蚀。而风经过这些不同高度、不同形状的城堡时，产生的摩擦力不同，也就形成了不同的声音。

▼ 新疆的"魔鬼城"

▲ 圆石

为什么山上会躺着圆石头?

在远古时代,圆石所处位置曾是一片低地,河水川流不息。在水流的带动下,许多碎石被搬走。在途中,石块与石块、石块与河床之间不断地发生碰撞和腐蚀,周边的棱角被磨掉,石面变得光滑,然后慢慢成了圆石头。河水流到低地,由于地势平缓,水流减慢,河水无法搬走圆石,便把石头留了下来。之后,地壳发生强烈运动,把这片低地抬高形成山脉。河水退去,石头却仍然停在原地,躺在山上。此外,山中的花岗岩在外界温度的影响下,表层和内部受热不均,会发生崩解破碎,之后在风化作用下,这些块状岩石逐渐圆化,也会形成圆石。

奇妙的地理

为什么黄山上的石头很怪？

　　黄山的千峰万壑之间点缀着各种造型的大小奇石。黄山石怪就怪在从不同角度看，就有不同的形状。据地理学家研究，黄山的所在地本来是一片海洋，后来，由于海底沉积物的长期堆积，加上地壳运动，黄山一带成了陆地，又逐渐形成了今天黄山的方圆布局。到距今230万年前的第四纪冰期，地球上温度大幅度下降，气候变得非常寒冷，黄山也受到影响，花岗岩渗入岩石缝隙，岩石被胀裂甚至崩塌，形成各种形态。由于气温低，山顶上的积雪终年不化，越积越多，形成了冰川。冰川日夜对峰峦谷壁进行腐蚀、雕刻，最终就形成了黄山怪石林立、泉瀑纵横的奇特地貌。所以说，黄山是大自然鬼斧神工的杰作。

 黄山

钙华景观是怎么形成的？

黄龙钙华景观类型丰富，除了有泉水、溶洞外，还有钙华彩池、滩流和瀑布，风景奇特，引人入胜。事实上，黄龙钙华景观的形成有它独特的有利条件。首先，黄龙南部山区主要由碳酸岩组成，钙源丰富；其次，黄龙沟地势南高北低，有利于溶有大量钙质的水流向景区；第三，水源充足，除了降水，还有高山冰雪融水；第四，上游山地森林茂密，有利于降水充分溶解钙质岩石。

▲ 黄龙瀑布

为什么称黄龙钙华彩池为"五彩池"？

钙华彩池好像镶嵌在一起的无数小块梯田，层层相连，由高到低，大的几十平方米，小的只有几平方米。池中的碳酸钙在沉积过程中，与各种有机物和无机物结成不同质的钙化体。再加上光线照射的不同变化，便使得池水呈现出不同颜色。因此，人们便称黄龙的彩池为"五彩池"。

◀ 黄龙钙华彩池

奇妙的地理

地下水是从哪来的?

　　水不仅流淌在地表，地面以下也有水流动。这是因为靠近地面的土层比较疏松，孔隙大，地面上的雨水、雪水、水蒸气等水分可以沿着空隙渗透到地下，其中沙质土壤渗下的水最多。这时，如果有不透水的岩层挡住了水，或是地球表面下有断裂层等，水就会聚集在一处，形成地下水层。地下水在岩石和土壤的空隙中流动，水量稳定，是工农业生产和生活用水的重要来源。

▼ 不透水的岩石会把水聚集在一处

▲ 火山喷发形成的温泉

温泉水为什么是热的？

　　温泉从地下涌出来，是天然的热水。大部分温泉的形成都与岩浆的作用有关。岩浆处在地下很深很深的地方，非常灼热。当地壳内冷却时，岩浆就会放出热气，大量的热气可以加热岩层中的水分，热气还会推动水分不断向上涌，最后沿着水面缝隙喷出地表，形成温泉。温泉到达地表后，温度仍然很高，比如新西兰陶波的一些温泉甚至可以将生的食物煮熟！

奇妙的地理

什么是间歇泉?

间歇泉多发生于火山运动活跃的地方。在这里,灼热的熔岩能使地层里的水温升高,甚至化为水蒸气。这些水蒸气沿着岩石层中的裂隙攀升,当温度下降到汽化点以下时就凝结为温度很高的水。这些积聚起来的水,加上地层上部的地下水,沿着地层裂隙上升到地面,每间隔一段时间喷发一次,就形成了间歇泉。

 正在喷发的间歇泉

为什么温泉水的颜色不同?

泡过温泉的人都知道,温泉的颜色有很多种,如绿色、黄色、褐色等。这是因为温泉中含有矿物质,不同的矿物质使温泉呈现出不同的颜色。比如,含碳酸钙的温泉水呈白色,含硫酸钠的温泉水呈淡褐色,含硫酸铁的温泉水呈淡绿色,含硅酸盐的温泉水呈青色。这些矿物质的含量与该地区的地质结构有关,是泉水流过时溶解了这些物质的缘故。由于温泉中含有的矿物质有对人体有益的成分,比如硒、硫黄等,它们对治疗皮肤病、风湿病等都有很好的效果。

为什么敦煌月牙泉的水不会干涸？

　　月牙泉位于我国西北地区的茫茫沙海中。这里气候炎热，降水稀少，但是月牙泉却始终没有干涸，这是为什么呢？

　　月牙泉地处南、北鸣沙山之间，在月牙泉偏东方向——南、北鸣沙山的后部，是一道低矮的豁口。经过豁口吹来的风，很快形成沿鸣沙山坡面做心式上旋运动的气流，将山坡表面的流沙由山脚吹向山顶，并有相当部分流沙降落到鸣沙山外侧，所以鸣沙山一直在，月牙泉的水也不会干涸。

▼ 月牙泉

奇妙的地理

湖泊为什么会出现在高山上？

　　一般来说，这种湖泊既是陷落的洼地，又有冰川刨蚀的痕迹。比如，在内蒙古高原地区，多数湖泊是由于当地气候干燥，风力强劲，地表疏松的沙土遭到强劲的风力吹蚀，渐渐低陷以至形成潜水面而形成的。而青藏高原上的湖泊，多数是在地壳构造活动陷落的基础上，又加上冰川活动的影响形成的。一些山区的湖泊，往往是因为原来的河道被多种原因的堆积物堵塞，河水不能下泄，由此汇聚成湖。

▼ 内蒙古草原中的湖面风光

▲ 安大略湖美景

为什么湖水的颜色有深有浅？

　　湖的颜色有许多种，这与一种叫作石灰岩的物质有关。湖间有许多岩石，岩石里含有碳酸钙，当溶解了碳酸钙的水接触到水生植物，就会产生化学反应，使一部分碳酸钙沉积在湖底或湖边，并逐渐形成一种多孔岩石，这就是石灰岩。那些沉积在湖边的石灰岩，在阳光照耀下闪闪发光，而从沉积在湖底的石灰岩反射出来的光线，就会使湖水呈现出各种颜色。此外，湖水的深浅、阳光的强弱、石灰岩的薄厚以及湖中水藻的多少和种类都会影响湖水的颜色，所以我们看到的湖水有的乳白、有的浅绿、有的深蓝、有的深绿，各不相同，非常美丽。

奇妙的地理

65

为什么湖里的水有咸有淡？

　　大多数湖泊里的水都是河水注入的。河水在流动过程中，会把经过地区的岩石和土壤里的部分盐分溶解，加上沿途流入的地下水中也含有盐分，所以当河流经过湖泊时，便会把盐分带给湖泊。这时，那些水源充足、水流通畅的湖，因盐分很难集中就成为淡水湖；而那些水源不足、排水不便的湖，则随着水分的蒸发，含盐量越来越高，就变成咸水湖。

▼ 埃尔杰里德盐湖

▲ 火山喷发后形成的镜泊湖

为什么秋冬季节早晨的湖面会冒"热气"？

　　每到秋冬季节，湖面上就会冒出"热气"，这是由湖面水蒸发造成的。水蒸气无色透明，只有凝结成小水滴时才能看得到。深秋或冬季时，气温降低，尤其是在夜里或清晨，气温更低。然而，湖水降温慢，其温度比气温要高，所以一旦蒸发出的水蒸气超过了冷空气的容纳能力，多余的水蒸气便在空气中凝结成小水滴，这时我们就会看到湖面上冒"热气"了，这种现象被称作蒸发雾。通常水温与气温的温差越大，蒸发雾便越容易发生，雾也越浓密。如果湖泊很深，水温又比气温高得多，便会形成漫天大雾，几天甚至几个星期都不易散去。比如俄罗斯的贝加尔湖，每当秋末冬初时，湖面大都雾气弥漫，直到湖水结冰封冻才会消失。

奇妙的地理

67

为什么黄河壶口瀑布会"走"？

壶口瀑布是黄河干流上唯一的瀑布，最初形成于龙门，后来迅速北移，才到达今天的陕西省宜川县和山西省吉县之间。现在，经研究，使壶口瀑布后退速度快的主要原因：河床岩层由砂岩夹薄层页岩构成，页岩抗蚀力明显弱于砂岩，这种抗蚀力较弱、呈相间分布的岩层，极易形成瀑布，而且后退速度较快。此外，由于黄河中泥沙含量大，增强了水流的冲击力和磨蚀力。河床抗蚀力弱、河水量大、河水含沙量较高是壶口瀑布会"走"的原因。现在，随着黄河水量日益减少，瀑布的后退速度也在逐渐减慢。

▼ 壶口瀑布

▲ 九寨沟瀑布美景

为什么九寨沟的瀑布重重叠叠？

　　九寨沟层湖叠瀑，是由于流水结合当地特殊的自然条件，通过侵蚀、搬运、沉积等因素形成的。具体形成过程大体上分为两个阶段：第一阶段，泥石流突然暴发，堵塞河道，形成拦截河水的"垄岗"。第二阶段，富含溶解钙的河水，不断地在"垄岗"上沉淀钙化，使泥石垄岗变成钙化坝或钙化滩，坝上形成湖泊，湖水溢出、泻下，就是滩流或瀑布。所以，九寨沟的溪流和含钙质的泉水，是形成层湖叠瀑的重要条件。

奇妙的地理

新疆天池与冰川作用有什么关系？

新疆天池盆地是由于冰川挖掘、堆积和山体滑坡、崩塌阻塞形成的。

在1万多年以前的寒冷冰河时期，天池地区便形成了十分壮观的山岳冰川。冰川循着山谷缓慢下滑，对山谷产生了强烈的刨蚀作用，从而使山谷形成一个宽大深槽。当气候转暖，冰川消退变薄时，它所携带的岩屑巨砾就留在冰川尾部，形成冰碛坝。同时，由于西岸地区地势陡峭，断层裂隙发育，就形成了大规模山体滑坡。大量崩塌下来的土石堆积在冰碛坝上，就形成了今天横拦谷地的天池大坝。之后，随着冰雪雨水的汇聚，就形成了天池。

▼ 冰川侵蚀地貌

▲ 海水里含有丰富的盐

为什么海水是咸的？

　　海洋刚形成的时候，地球上经常发生火山爆发、地震，大量的水蒸气使雨水格外频繁。降雨后，雨水便把陆地上土壤和岩石里含有的大量盐分带入海里，使得海水里的盐分越来越多。而海水受到阳光的照射，水分不断蒸发，但盐却始终留在海水里，久而久之，海水就是咸的了。

为什么海水看起来是蓝色的？

　　其实，海水不是蓝色的，而是无色透明的。之所以看起来是蓝色的，是因为阳光的作用。阳光由红、橙、黄、绿、蓝、靛、紫7种颜色构成，其中，波长较长的光比较容易透射进海水里，并且容易被海水或海洋生物吸收，而波长短的光大部分发生了反射和散射而不能进入海水。在7种光中，蓝光和紫光波长最短，当太阳光照射到海面上时，它们几乎被完全反射和散射，人的眼睛更容易感觉到蓝色，所以我们看到的海水就呈现蓝色了。

▼ 蔚蓝色的海岸线

▲ 潮汐

为什么会潮起潮落？

　　海水每天都会发生涨潮和退潮，这种现象就是潮汐。海洋潮汐主要起因于月亮对海水的吸引力。地球一直在不停地自转，当海洋随着地球转到面向月亮的一侧时，月亮对海水的引力增大，会引起海水上涨。同样，当海洋背对月亮的一侧时，月亮吸引地球，将地球拉近，也会引起背面的海水上涨。地球每 24 小时自转一周，所以海水每天涨落两次。

　　太阳对海洋潮汐也有影响，但比月亮的影响小很多。当月亮和太阳在地球的同一侧面排成一条线时，它们对海水的引力相加，会引起大潮；当月亮和太阳的位置相对于地球成直角时，它们的引力会有所抵消，形成小潮。无论大潮还是小潮，每次涨潮时，潮水都会携带着大量废弃物冲上海岸，对海洋有着明显的净化作用。

奇妙的地理

73

▲ 赤潮现象

什么是赤潮?

赤潮发生的主要原因是环境污染。当大量污染物排入海洋,会使海洋中的磷、氮等营养盐和铁、锰等微量元素含量迅速上升,出现"富营养化"现象。营养物质过多会导致甲藻类、鞭毛虫类爆炸性繁殖。所以,赤潮是一种由于局部海区的浮游生物突发性地急剧繁殖并聚集在一起的现象。当海水中的那些赤潮生物大量死亡后,海水就会被"染"红。

为什么海边会有沙滩?

海浪不停地冲击海岸,拍打岸边的岩石,海浪的力量很大,年复一年就把岩石打碎,并冲来冲去,经过漫长的时间,大石头就被磨砺成小颗粒了。同时，在地势平缓的海边，海洋中的细沙因为海水的潮汐运动被冲上海岸，就形成了沙滩。但是，不是所有海边都有沙滩，这要看海岸岩石的成分及所处的地形，比如西班牙的海边很多都是礁石。

为什么黑海里的水是黑色的？

黑海里的水呈黑色有多种原因。首先，黑海只有一个出口，海水不能及时、大量地与外海的海水交换。其次，黑海的表层海水因为有大量淡水注入，密度较小，而其深层的海水来自地中海的高盐水，密度较大。当上下海水之间形成了密度飞跃层，就严重阻碍了上下水层的水交换，使得黑海深层缺乏氧气，大量海水中生物分泌的秽物和死亡后的尸体沉入深处导致腐烂发臭，最后污泥浊水就把海水染成黑色了。

▼ 海藻使海水呈现黄色

为什么红海里的水是红色的？

　　红海位于亚洲阿拉伯半岛与非洲大陆之间，那里气候炎热干燥，海水蒸发快，使得红海成为世界上含盐量和水温最高的海域，这样的海水，非常有利于蓝绿藻类的繁殖。浮游于海面的微生物群和死后呈红褐色的海藻，使得海水呈现红色。另外，当撒哈拉沙漠的红沙被狂风卷入红海上空，红海里的万丈红波在布满红沙的天空映照下，会显得更红。

▼ 红海的赤色海岸

▲ 人可以浮在死海水面上

为什么人能浮在死海水面上？

死海位于西亚裂谷中，地势四周高、中间低，是世界陆地最低的地方。那么，为什么即使不会游泳的人也可以浮在死海水面上呢？这是因为，死海里含有大量盐分。死海里的水来源于约旦河，约旦河的两岸大多是含有大量矿物盐的沙漠和石灰岩。随着河水的流动，大量盐分被带入死海，并全部留在了死海，因为死海只有进水口而没有出水口。此外，死海区域温度高，气候干燥，海水蒸发快。随着海水大量蒸发，海里的盐分越积越多。水中的含盐量多，其密度自然也大，因死海海水的密度大于人体的密度，所以人就在死海中漂浮而沉不下去。

奇妙的地理

岛屿是怎么形成的？

　　四面环水的小块陆地就是岛屿。根据岛屿的成因，大致可分为大陆岛、海洋岛（火山岛、珊瑚岛）和冲积岛。大陆岛是因地壳上升、陆地下沉或海面上升、海水侵入等，使部分陆地与大陆分离而形成的。世界上较大的岛基本上都是大陆岛。火山岛是海底火山爆发或者地震隆起时，由岩浆喷射物的堆积和隆起部分形成的岛屿，比如太平洋中的夏威夷岛，就是典型的火山岛。珊瑚岛就是由珊瑚虫遗体堆积而成的海岛，这种类型的岛屿在太平洋的浅海中比较集中，如澳大利亚东北面的大堡礁。而冲击岛则是由河流或波浪冲击而形成的岛屿，我国长江口的崇明岛就是冲积岛的代表。

▼ 美丽的岛屿

▲ 冰川上冰的年龄越老，冰体越显得格外好看

冰川是怎么形成的？

在南极和北极或一些高山地区，由于气温很低，使得白天融化的雪到了晚上便冻成了冰晶。冰晶与雪花可结成粒雪，粒雪经过进一步合并压实，就变成了白色透明的粒冰。粒冰继续受压，逐渐变成蔚蓝色的块冰，也就是冰川冰。雪花—粒雪—粒冰—块冰的过程，在冰川学上叫作"成冰作用"，这一过程非常缓慢，一般需要数十年，甚至数百年。当冰川冰积累到一定厚度，受重力作用，就从高处向低处移动，形成冰川。冰川的形成还有个必备条件，那就是积雪区的高度要超过雪线。雪线是每年降雪刚好当年融化完的海拔高度。如果一个地区没有超过雪线，那么该地区就不可能形成冰川。

奇妙的地理

为什么会有冰山？

　　冰山不是真正的山，它们只是漂浮在海洋中的大若山川的冰块。在两极地区，海洋附近的大陆冰在海洋中波浪或潮汐的长期猛烈冲击下，前缘会慢慢地断裂并滑到海洋中，漂在水面上，如此便形成了所谓的冰山。冰山的 90% 都沉浸在水底，我们在海面上看到的仅仅是它的一小部分。这一座座巨大的冰山，随着海流的方向能漂到很远的地方。正常情况下，它们每天能漂流 6000 米，而且许多大冰山在海上可以漂流十几天，最后在风吹日晒和海浪的冲击下，渐渐消失在温暖海域的海水中。

 冰山

▲ 撒哈拉沙漠

为什么会形成沙漠?

　　沙漠的成因分为自然因素和社会因素两种。从自然方面来说，沙是形成沙漠的物质基础，风是制造沙漠的原动力，而气候干旱则是沙漠形成的必备条件。在荒凉的戈壁，那些被吹跑的沙粒在风力减弱或遇到障碍时堆成许多沙丘，就形成了沙漠。地球上，南北纬15°~35°的信风带区域，由于气压高、雨量少、空气干燥，是比较容易形成沙漠的地域。沙漠的形成还有一个社会原因，那就是滥砍滥伐，使森林、草原受到破坏。我国的沙漠面积超过70万平方千米，世界上其他地区的沙漠也有很多，比如非洲撒哈拉沙漠，面积有800多万平方千米。

奇妙的地理

沙漠里为什么炎热？

在大沙漠里，植物很少，光秃秃的一片沙地，热容量小，所以升温快，沙地传热慢，热量很难向下传达。再者，沙漠里水源稀少，缺乏蒸发耗散作用，所以在太阳的照射下，沙漠里的温度就上升得非常快，感觉十分炎热。

▼ 夕阳照射下的沙漠

沙漠里为什么会有绿洲？

绿洲的形成需要水源，而沙漠的水源是来自高山上的冰雪。夏天时，高山上的冰雪融化后，顺着山坡流淌，形成河流。河流经过沙漠渗入沙子里，变成地下水。地下水沿着不透水的岩层流至沙漠低洼地带而涌出地面，或者沿着因地壳变动而出现的岩层裂隙流至低洼的沙漠地带冲出地面。沙漠的低洼处有了水，各种生物便开始生长、繁衍，于是就形成了绿洲。沙漠里的绿洲，水源丰富，土壤肥沃，是一道奇特秀丽的风光。

沙漠都是橘黄色的吗？

沙漠不都是橘黄色的，它的颜色多种多样。因为沙漠里的沙子是由岩石风化而来的，而岩石里含有颜色各异的矿物质，所以沙漠就有了各种颜色。比如，沙子里含铁，铁被氧化后变成红色，沙漠就是红色的；沙子里含石膏质，石膏质被风化后变成白色，沙漠也会是白色的；如果沙子由黑色岩石风化而成的，那么沙漠就是黑色的。

▼ 红色沙漠

为什么沙子会叫？

　　鸣沙现象多发生在沙漠地区高大的山上，声音很大而且怪异。经研究，出现鸣沙现象需要具备几个条件：沙山高大陡峭，呈月牙形；细沙成分以石英为主；沙山下有可供蒸发的水源。我们知道，声音是由空气振动产生的，鸣沙也是如此。沙粒之间的空隙充满空气，只要遇到风吹或者人畜走动，就会引起沙粒间的空气振动，发出共鸣声。而陡峭的月牙形山坡与山脚下水分蒸发形成的幕障则构成一个天然"共鸣箱"，能加大和修饰鸣沙的声音，使声音形成震耳欲聋的轰鸣。一旦共鸣箱遭到破坏，鸣沙就不会叫了。

▼ 世界上最大的鸣沙区——巴丹吉林沙漠

为什么塔克拉玛干沙漠被称为"死亡之海"？

塔克拉玛干沙漠是中国最大的沙漠，也是全世界第二大流动沙漠。那里沙丘形态各异，景观奇特，吸引了许多游客和探险者。然而，那里全年有1/3是风沙日，大风风速每秒能达300米。由于受西北风和北风两个盛行风向的交叉影响，沙漠里的风沙活动十分频繁而剧烈，许多古代城镇和村落都被这里的流沙湮没了。而且，塔克拉玛干沙漠高温干燥，酷暑最高温度达67.2℃，年降水量却不超过50毫

▲ 塔克拉玛干沙漠的沙丘每年可移动约20米

米，水资源匮乏。所以，一般走进沙漠的人都很难活着走出去，塔克拉玛干沙漠也因此被称为"死亡之海"了。

沙漠中为什么会出现海市蜃楼？

海市蜃楼是一种因光的折射而形成的虚像，常发生在海上、沙漠、山区、极地、洼地等处。在炎热夏季的海上或沙漠地区，温度特别高，而空气的传热性能又很差，没有风时，上下的气温相差很大。当太阳从高空的气层进入下面时，光的速度发生了变化。射来的光通过折射和反射将远处的山、水、人等景象映射到人们面前，

奇妙的地理

85

使沙漠中的人产生了幻觉，海市蜃楼便出现了。所以，在荒无人烟的沙漠中行走，有时会突然在前方出现一个水面碧蓝、波光闪闪的湖，岸边有树有草，有时还有城楼。可是走近了，却又什么都没有了，这就是海市蜃楼。沙漠蜃景看上去像从地面反射而来，所以称下现蜃景。海上的蜃景大多是天空中某一空气层反射而来，人们称其为上现蜃景。

为什么东非大裂谷被称为"地球的伤痕"？

大约 3000 万年前，东非地区曾发生过强烈的地壳断裂运动，当地壳岩层受到地壳运动引起的强大外力时，便发生了断裂和破碎，从而形成裂谷。随着抬升运动不断进行，地壳的断裂不断产生，地下熔岩不断涌出，渐渐形成了高大的熔岩高原。高原上的火山则变成众多的山峰，而断裂的下陷地带则成为大裂谷的谷底。著名的东非大裂谷是世界上最长、最深的大断层，被称为"地球的伤痕"。目前这条大裂谷仍在以每年 5 厘米的速度向两侧扩张。据科学家们预测，按照这种速度扩张下去，在 2 亿年后，裂谷间将会形成一个新的海洋。

▼ 东非大裂谷是地壳板块运动的杰作

▲ 珠穆朗玛峰

为什么测量山的高度要以海平面为标准?

　　珠穆朗玛峰是世界上最高的山峰，高达 8844.43 米，而这个高度数据就是从海平面算起的。那么，为什么选择海平面作为高度测量标准呢？这主要是因为大陆上的测点不易选取，而且会随着地壳变动和天气因素发生变化。虽然海平面也会有变化，但年平均海平面的位置大致不变，而且全国乃至全世界的海平面高度相差很小。所以，测量山的高度要以海平面为准。

奇妙的地理

为什么土壤的颜色有许多种?

　　土壤的颜色是由各地不同的自然条件决定的。我国北方气候温和干燥，蒸发量大于降水量，风化作用较弱，土壤处于弱淋溶状态。一些易溶性物质如氯、硫、钠、钾等大多被淋溶掉，只保留了硅、铁、铝等。钙与植物分解产生的碳酸结合成碳酸钙，在土壤中形成碳酸钙聚积层，所以土壤的颜色分别呈现出栗色或棕色。在热带和亚热带多为红土。这是因为那里的气候高温多雨，地表风化和成土作用十分活跃，土壤在雨水的作用下，很多物质被分解和淋溶，但流动性很小的氧化铁和氧化铝在土层中富集起来，氧化铁为红色，所以土壤呈现红色。对于青土和白土，则是因为岩石本身仅含有单一颜色或相同色彩的矿物，在风化后，土壤便呈现白色或青色。

 美丽的田野

为什么黑色的土壤最肥沃？

土壤有红色、黄色、褐色和黑色等颜色，其中黑色土壤最肥沃。这是因为黑色土壤含有大量的养料，植物生长过程中养料充分，自然长得就好。在黑色土壤中，有一种叫作腐殖质的物质，是由动物和植物的残体以及残留物被细菌分解后逐步形成的。由于腐殖质呈胶状黑色或褐黑色，土壤也就被染成了黑色。同时，这种物质含有丰富的有机化合物，可以促进植物生长，所以黑色的土壤比较肥沃。

▲ 土壤为植物提供了生存条件

铁矿是怎么形成的？

地球上分散在各处含有铁成分的岩石经风化崩解，里面的铁被氧化，形成氧化铁溶解或悬浮在水中，随着水的流动，逐渐沉淀堆积在水下，由此成为铁比较集中的矿层。在这一过程中，许多生物起到了重要作用。此外，有些铁矿是岩浆活动造成的，岩浆在地下或地面附近冷却凝结时，会分离出铁矿物，并在一定的部位集中起来。而且，岩浆与周围岩石接触时，也可以相互作用，形成铁矿。

◀ 铁矿石

奇妙的地理

为什么矿石有各种各样的颜色？

在自然界里，矿石之所以分许多种颜色，主要是因为各种矿石的成分不一样，如黄铜矿呈黄铜色，毒砂呈锡白色，菱锰矿呈粉红色，自然硫呈黄色等，这类颜色称为矿物的自色。另外有些矿物的颜色，是因为含有一些杂质，如无色透明的石英，只要混入一点点碳质或黑色矿物，就会呈黑色；红宝石所以显红色，是因为它们含有杂质金属铬；红色的方解石也是因为混入铁质的缘故。还有一些矿物颜色是表面受光线影响造成的，如斑铜矿表面经氧化后产生的彩虹色等。

▼ 矿石

▲ 几亿年前，一些树木等植物变成了今天的煤

煤是怎么形成的？

　　煤形成于远古。千百万年来，生长繁茂的植物在适当的地质环境中逐渐堆积而成一层极厚的黑色的腐殖质。随着地壳的变动，这些腐殖质不断地被埋入地下，长期与空气隔绝，并在高温高压下发生一系列复杂的物理化学变化，最终形成黑色可燃沉积岩。由于埋藏深度和埋藏时间的不同，形成的煤也不一样。

奇妙的地理

为什么琥珀中会有小虫?

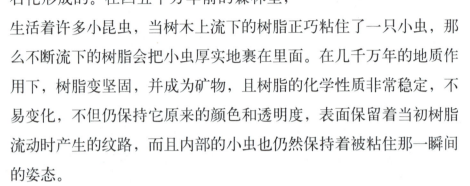

▼ 琥珀

　　琥珀是由地质时期树木中的油脂凝集石化形成的。在四五千万年前的森林里,生活着许多小昆虫,当树木上流下的树脂正巧粘住了一只小虫,那么不断流下的树脂会把小虫厚实地裹在里面。在几千万年的地质作用下,树脂变坚固,并成为矿物,且树脂的化学性质非常稳定,不易变化,不但仍保持它原来的颜色和透明度,表面保留着当初树脂流动时产生的纹路,而且内部的小虫也仍然保持着被粘住那一瞬间的姿态。

什么是化石?

　　古代生物的遗体随着泥沙的沉积被埋入地球深处。由于地底下的压力大、温度高,沉积的泥沙逐渐变成岩石,而动物、植物的坚硬部分也随之变得像岩石一样坚硬,最后原本柔软的部分,如植物的叶子会在地层中留下印迹。由此,化石就形成了。化石形成后,不管地球上发生怎样的变化,它也不会改变,所以科学家们利用化石来了解地球的历史。比如,科学家在喜马拉雅山上找到了龙鱼的化石,而龙鱼是2亿多年前生活在海洋中的动物,从而证明了喜马拉雅山区在2亿多年前是一片汪洋大海。

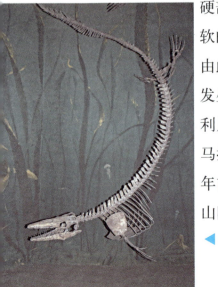

◀ 鱼龙化石

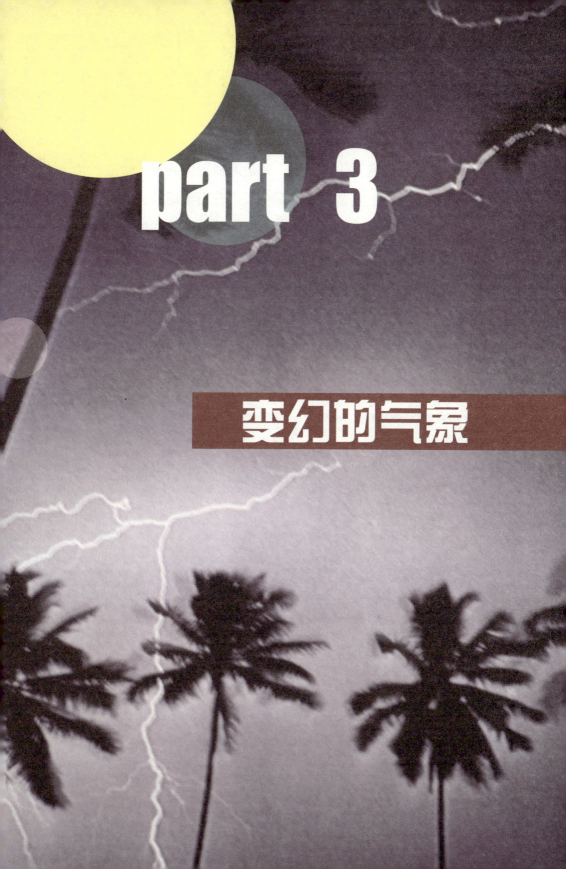

part 3

变幻的气象

云是怎么形成的?

天上的云千变万化,那么,云是怎样形成的呢?

原因很多,主要是由于潮湿空气上升而形成的。地面上的水在太阳的照射下会变成水蒸气,水蒸气随着地面上的热空气一起上升到空中。当上升空气的饱和水气压下降时,就会有一部分水蒸气以空中的尘埃为核而凝结成为小水滴。这些小水滴非常轻,但浓度却很大,在空气中下降的速度极慢,就这样,它们被上升的空气托着,在空中飘来飘去。当大量小水滴聚集在一起时,便形成了天上的云。

▼ 云飘在空中

▲ 云淡风轻

为什么天上的云时有时无？

　　天上的云飘忽不定，时有时无，这是因为云层的厚度取决于云中小水滴或小冰晶的多少。我们知道，地球表面有大量的水，这些水时刻都在蒸发，它们或留在空中，或随空气流动弥散开来，使各地大气中含有或多或少的水蒸气。当云所到达的地区温度较高，小水滴或小冰晶会吸热变成水蒸气，于是云层变薄，甚至云消雾散，晴空万里。当云所到达地区温度较低，空气中就会凝结出更多的小水滴或小冰晶，而使云体扩展、变厚，甚至浓云密布。所以，天上的云有时候能看见，有时候看不见。

为什么云的形状各式各样？

　　云的形状之所以千差万别，主要有三个原因：一是不同高度的气温不一样，越往高处，气温越低，所以在 4000 ~ 5000 米高处的云是水滴云，形状就像羽毛、鱼鳞和棉花一样。二是风速不同。在大气层中，结晶的小冰粒不容易消失，而水滴是很容易蒸发的。距地面高度越高，风力越强，一旦形成了冰晶，云就不容易消失，形状就像羊群和灰色帐篷，有的云会被强风吹得像拖根尾巴一样。三是高度不同，水蒸气的含量也不一样。因而，天空中越高的地方，云层越淡，云的形状就像雾一样。

▼ 云的形状变化万千

▲ 云层

云为什么飘在空中？

我们从地面上看，云总是悬浮在天空中，这是因为空气对云有向上的浮力作用。另外，云中小水滴在下落时还会受到空气的阻力，这种阻力的大小与云中小水滴的大小和下落的速度都成正比。所以，如果云中小水滴下落，浮力和阻力会进行阻挡，当这两个力的合力与云中小水滴受到的重力相等时，它就以不变的速度下落，只是这个下落的速度很慢，每小时不足 2 米。同时，云中小水滴在下落过程中，会因压缩而增温，从而重新变成水蒸气。这样，我们从地面上看天空，云总是悬浮在天空中的。

变幻的气象

云的颜色与阳光有什么关系？

  云不是只有白色，而是五颜六色的。太阳光是由七种颜色的光构成，而天空中的云对各种色光的反射、散射和吸收不同，因此就形成了多彩的云朵。比如，由于太阳光的红光波长较长，不易被散射，所以当太阳斜射到大块云朵上面时，就出现了红色的云朵。这种云可以预报天气，被叫作"火烧云"。同理，天空中会出现黄色的云，这是因为橙光不易被散射形成的。"日出黄云三朝，黄云之晚西照，风雨几天不了"这条谚语就是黄云出现时的天气征兆。有时，天空中会出现灰色的云层，这是由于云中含有大量尘埃、水滴等物质，各种不同波长的光同时被散射，散射光呈白色，但当云中的尘埃过多时，光线被吸收得多，云就变成了灰色。

▼ 夜光云

为什么会下雨？

地面、河流、池塘、海洋、湖泊中的水，受到阳光照射以后，会变成水蒸气升上天空。高空的气温比地表低，当含有水蒸气的热空气上升到一定高度时，就会逐渐冷却。冷却的水蒸气凝结成无数的小水滴、小冰晶，就形成了云。云里的小水滴、小冰晶在运动中相互碰撞，体积会增大。当水的重量大到上升气流无法将其"托住"时，水滴下降，便形成了雨。最后，雨点就掉到地面上来了。

▶ 雨层云笼罩在空中，降雨通常会持续几个小时

变幻的气象

▲ 酸雨对植被及生态环境的破坏是巨大的

什么是酸雨？

　　有一种雨叫"酸雨"，雨里含有多种无机酸和有机酸。当煤、石油或者天然气在燃烧后生成的二氧化硫、氮氧化物等化学物质排放到空气中时，经过复杂的转化生成硫酸、硝酸，当天空下雨时，这些硫酸、硝酸随雨水降落在地面上，就形成了酸雨。所以，酸雨是由于人类污染了空气，使"酸"进入雨里形成的，而我国的酸雨多数是硫酸型酸雨。

什么是人工降雨？

　　人工降雨也不是无中生有的。对于冷云，人们把干冰等催化剂加入具备人工降雨条件的冷云中，使云里面出现大量冰晶。这些冰晶能冷却云中水滴，并使水滴增大变重，变为雨降落到地面。对于暖云，需要加入食盐等吸湿性催化剂，可促使暖云中水滴碰撞并增大，变成雨滴降落下来。

▲ 人工降雨需要的干冰

为什么会有打雷闪电？

　　下雨时，云层上部带正电荷，云层下部带负电荷。当两种带不同电荷的云接近时，便互相吸引而出现闪电。在闪电的作用下，闪电中的高温使水滴汽化、空气体积剧烈膨胀，并且发出很大的声音，这就是雷声。所以，打雷和闪电是在同一过程中发生的，一个是声学现象，一个是光学现象。

◀ 神奇的闪电

变幻的气象

▲ 干打雷不下雨，说明成雨条件不满足

为什么会"干打雷不下雨"？

　　"干打雷不下雨"的现象比较常见，这主要是因为雷雨云的范围和雷声的传播范围之间存在差距。雷雨云是电闪雷鸣的来源，它的范围一般为 10 ~ 30 千米，雨量主要集中在中部地区，它的边缘地区雨量很少，超出这个范围就不会有雨。雷声的传播范围是 50 ~ 70 千米，所以，在雷雨云的中部地区，雷声大雨也大；在雷雨云的边缘地区，雷声大雨点小；而在雷雨云的范围之外、雷声的范围之内，就会出现"干打雷不下雨"的现象。

什么时候会下雷阵雨？

夏天，空气中有很多水汽，它们会随着阳光的照射而上升，形成积云。积云继续上升，并不断扩大且加厚，从而变成浓积云。浓积云在适宜的条件下继续上升，在上升中遇冷便凝结为小水滴、冰晶，然后迅速向四边扩展，只需很短的时间就能布满天空，形成几千米厚的积雨云。由于产生积雨云的强烈热力对流只有在夏季才容易出现，所以夏季易出现雷阵雨。

▼ 积雨云

下雨时为什么看不见太阳？

　　下雨时太阳为什么会不见了？其实，太阳依然挂在空中。我们之所以看不见太阳，是因为它被厚厚的乌云遮住了。相比之下，乌云离我们较近，太阳较远，所以，乌云能挡住阳光。等雨过天晴，乌云散去，我们就又能看到太阳了。换句话说，只有下雨的这一片区域看不见太阳，其他晴朗的地方还是阳光普照的。

▼ 乌云挡住的是太阳的光线，太阳依然高照

▲ 雨水是不能喝的

为什么不能喝雨水？

　　雨水来源于大自然，雨水为什么不能喝呢？这是因为雨水中含有大量有害物质。这些物质本来存在于大气层中，其中包括工厂大烟囱和汽车等不断排向大气的一些有害气体，如二氧化硫、氮氧化合物、碳氢化合物等，还有许多微小的粉尘等。下雨时，大气层中这些污染物黏附或溶解在雨滴中，和雨滴一起降落到地面上，所以雨水不能喝。

什么是梅雨?

梅雨就是霉雨。每年 6 月至 7 月，我国江淮地区的天气总是阴沉沉的，细雨连绵不断，有时还会下暴雨。由于正值梅子黄熟时节，人们把这种天气叫黄梅天，气象上叫梅雨。

梅雨的产生原因是这一时期北方南下的冷气团和南方北上的暖湿气流由于势力相当在长江下游地区形成准静止锋，在大气层 12 千米以下的范围内，上部分是暖湿空气，下部分是冷空气，在交界处冷空气遇冷而凝结成水滴，继而就形成了雨。因为冷暖气流交界处的湿度很大，空气总是很潮湿，而且温度又较高，存放的东西容易发霉，所以人们又把梅雨称为"霉雨"。

▼ 暖湿气流影响下的降雨

▲ 彩虹

为什么雨后会出现彩虹？

夏天雨后，乌云飞散，太阳重新露头，在太阳对面的天空中，会出现半圆形的彩虹。这是因为下完雨后，空气中悬浮着许多小水滴，小水滴在太阳光的照射下就产生折射和内反射。太阳的可见光——红、橙、黄、绿、蓝、靛、紫七色光的波长都不一样，当它们照射到空中这些小水滴上时，各色光被小水滴折射和反射的情况也不同，于是就形成了七彩的虹。彩虹发生的方位总是和太阳的位置是相对的，早晨出现在西边，午后出现在东边。虹的色彩与水滴颗粒大小密切相关，水滴大，虹就清晰鲜明；水滴小，虹就不那么鲜艳了。此外，在太阳光照射下水滴会蒸发，所以彩虹很快就会不见了。

变幻的气象

为什么彩虹是弯曲的？

　　光穿越水滴时，赤、橙、黄、绿、蓝、靛、紫七种光的弯曲度不同。红色光的弯曲度最大，橙色光与黄色光次之，依此类推，弯曲最小的是紫色光。每种颜色各有特定的弯曲度，所以每种颜色在天空中出现的位置都不同。同时，由于地球表面的大气层为一弧面，从而导致阳光在表面折射形成了我们所见到的弧形彩虹！

▼ 弯弯的彩虹

▲ 同时出现的两条彩虹

为什么有时会出现两条彩虹？

有时候，我们会在天空中看见两条彩虹同时出现：一条叫主虹，色彩鲜艳，里面是紫色，外面是红色；另一条叫副虹（又叫霓），里面是红色，外面是紫色，色彩较淡。这种现象是由于阳光透过水滴时，发生两次折射和两次反射形成的。由于反射了两次，副虹的颜色次序跟主虹相反。其实副虹一直跟随主虹存在，但是因为它的光线强度较低，所以有时不被肉眼察觉。

变幻的气象

为什么会出现彩霞?

　　早晨和傍晚，在日出和日落前后的天边，时常会出现五彩缤纷的彩霞。彩霞是由于空气对光线的散射作用形成的。当太阳光射入大气层后，遇到大气分子和悬浮在大气中的水滴、灰尘就会发生散射，形成彩色光带。靠近地平线的地方，由于阳光穿过的大气厚度最大，波长较短的光线几乎全部被散射掉，只有红光能够透过，所以我们看到一片红色；再往上一些，阳光穿过的大气层稍薄一些，散射得稍少一些，于是出现橙黄色。另外，大气对阳光的散射作用与大气中的水滴、灰尘多少也有关系，水滴、灰尘越多，彩霞的颜色越艳丽。天空中如果有云，那么厚重的低云会被染成红色，中云则只能染上橙色或黄色，而高云会保持白色不变。

▼ 洪湖水边的火烧云

▲ 晚霞风光

为什么说"朝霞不出门，晚霞行千里"？

　　因为彩霞的颜色和艳丽程度与大气中的水分有关，所以彩霞对天气变化有指示意义。出现朝霞时，大气中的水汽和小水滴比较多，而云层的移动又是自东向西的，所以预示着天气将由晴天转为阴雨；晚霞的出现，说明含有大量水汽的云层在西边，而且夜晚即将降临，大气趋于稳定，所以晚霞是天气转晴的标志。以此为依据，人们总结出"朝霞不出门，晚霞行千里"和"朝起红霞晚落雨，晚起红霞晒死鱼"的谚语。

变幻的气象

为什么说"天上钩钩云，地上雨淋淋"？

　　"钩钩云"是一种出现在 7～8 千米高空的丝缕状的高云，向上的一端有小钩或小簇的白色云丝，云层薄而透明，在气象学上被称为"钩卷云"。如果天上出现了"钩钩云"，我们一般可以断定十几个小时或者一两天后可能下雨，这是为什么呢？因为，在冷暖空气相遇时，暖湿空气被抬升，把水汽带到高空，随着暖湿空气的上升，气温逐渐降低，因而产生水汽凝结成云的现象，形成了高度不等的云层。在天气变化以前，我们一般先看到高云，然后才看到中、低云。所以当你看到高空有"钩钩云"时，就可以推断出"钩钩云"过后，就要出现高积云、高层云的中云，接着就要出现雨层云、层积云。一般来说，在高积云、雨层云来临之后不久就要下雨了。

▶ 高积云形状

▲ 冰雹是一种自然灾害

为什么会下冰雹?

  冰雹必须在对流云中形成。夏天,太阳把地面晒得很热,地面的空气也非常热,但是高空的空气温度比较低,而且高度越高,温度越低。当空气中的水汽随着气流上升,就会凝结成液体状的水滴,如果高度不断增高,水滴就会凝结成固体状的冰粒。冰粒会吸附附近的小冰粒或水滴而逐渐变大、变重,等到冰粒长得够大够重,上升气流无法负荷它的重量时,冰粒便会往下掉,形成冰雹。因为只有在气温很高的情况下,才能有足够的上升气流,所以只有夏季会产生冰雹。

变幻的气象

▲ 每一场秋雨后，叶子都会变得更黄或更红

为什么说"一场春雨一场暖，一场秋雨一场寒"？

　　春天和秋天是过渡季节。春天时，由于北半球太阳的照射逐渐增强，大地获得的光热越来越多，但是这时大地上的冷空气还没有完全退却，如果冷暖气流相遇形成降水，降水过后，冷空气的位置被暖空气所代替，当地气温便开始不断升高，天气逐渐变得温暖。所以，在春雨较多的江南一带有"一场春雨一场暖"的说法。秋天时，大地获得的光热逐渐减少，冷空气势力开始增强，暖空气势力慢慢减弱，当冷空气与我国北方的暖空气相遇形成降水后，冷空气取代了暖空气的位置，气温开始逐渐下降，天气逐渐变得寒冷。所以，在我国北方素来流传着"一场秋雨一场寒"的说法。

什么是冻雨？

　　在入冬或转暖的冬天，有时我们会发现雨滴落在树枝或电缆上会变成一层晶莹的冰层，这就是冻雨。冻雨是由过冷水滴组成，其外观与一般水滴相同，当它落到0℃以下的物体上时会立刻冻结成外表光滑而透明的冰层，所以也叫雨凇。在冬初或冬末，大气分为不同结构，近地面层的空气略低于0℃，它的上面有温度高于0℃的气层或云层，再往上又是处于0℃以下的云层。所以，当从零下十几摄氏度的云中降落的雪花，穿过暖气层融化后，变成雨，等进入近地面低于0℃的冷气层中时，雨滴又迅速地冷却发生冻结，变成"冰粒"，而直径较大的雨滴，由于来不及冻结，便成了"冻雨"。

▼ 冻雨现象

为什么早晨花草上会有露水？

　　白天气温较高的情况下，夜晚温度会有所下降，这时空气中的水分就会遇冷凝结。一般情况下，水在可润湿固体表面凝结时，容易铺展开来渗透进去，所以在墙壁、路面、老树干等上面看不到水珠。水对多数植物的新鲜茎叶的润湿能力一般较差，所以水珠会以椭球状凝结；如果茎叶表皮绒毛符合一定排列规律的话，水的润湿能力将会更差。所以，我们能在花草叶上看到球形水珠。露水会在早晨八九点以后，随着气温的升高而自动消失。

▼ 露珠将叶脉放大，这是自然界中很常见的现象

▲ 露水

为什么有露水时一般是晴天？

　　一般来说，有露水就是晴天。这是因为，多云的夜间，地面上好像盖了一层大棉被，热量不易散发，气温不下降，蓄积的水汽也就很难凝结成露水。而晴朗无云的夜间，地面散热快，田野上气温迅速下降，空气中含水汽的能力减弱，很容易凝附在草叶上、树叶上和石头上。所以当露水很重时，就预示着天气晴朗。

变幻的气象

▲ 霜叶

霜是怎么形成的？

在寒冷季节的清晨，草叶上、土块上常常会覆盖着一层白色的冰晶，这就是霜。霜的形成与当时的天气条件有关。在深秋、冬季和初春的夜里，由于大地白天受到阳光的照射，表面的水分不断地蒸发。这些蒸发出的水汽留在地面附近，到了夜晚气温降低，就会附着在物体上凝成冰晶，这就形成了霜。此外，霜的形成和地面物体的属性有关。也就是说，一种物体，如果与其质量相比，表面积相对大的话，那么在它上面就容易形成霜。草叶很轻，表面积却较大，所以草叶上就容易形成霜。而且，物体表面粗糙的，要比表面光滑的更有利于辐射散热，所以在表面粗糙的物体上更容易形成霜，如土块等。霜多形成于夜间，日出后不久就会融化，但是在天气寒冷的时候或者在背阴的地方，霜也能终日不消失。

为什么会下"黑霜"？

在我国西北地区，由于降水少，气候干燥，空气中水汽少，一旦遇到强冷空气，天气突然降到0℃以下时，空气中虽然没有水汽凝结成白霜，但是农作物叶子里的水分就会冻成冰，使叶子变成黑褐色，气象学上把这种天气现象叫作"黑霜"。所以说，黑霜不是霜，它是庄稼直接受冻的结果。黑霜会把大量农作物的幼苗冻死，人们常说"四月八，黑霜杀"，意思就是这天以后，常会出现"黑霜"这种天气现象。

▼ 霜是白色的

雾是怎么形成的?

　　因为空气所能容纳的水汽量是有一定限度的，当达到最大限度时，就称水汽饱和。气温越高，空气中所能容纳的水汽量也越多。如果空气中所含的水汽量多于一定温度条件下的饱和水汽量时，多余的水汽量就会凝结出来，变成小水滴或冰晶，悬浮在近地面的空气层里。如果近地面空气层里的小水滴多了，阻碍了人们的视线，就形成了雾，我们通常说的雾就是这样形成的。所以说，雾不是从天上掉下来的，它和云一样都是由于温度下降、水汽凝结而形成的，也可以说是靠近地面的云。

▼ 沼泽地的雾气可使人中毒

▲ 晨雾

为什么说"十雾九晴天"？

　　白天太阳照射地面，地面上积累了大量热，由于气温高，空气中的水汽含量比较高。傍晚，空气中的热量随着气温的降低向上空散发，接近地面的空气温度也随着降低。而且天气越晴朗，空气中的云量越少，地面的热量散发越快，空气温度也降得越低。到了后半夜和次日清晨，近地面空气温度持续降低，当温度使空气中的水汽超过了饱和状态，那么多余的水汽就凝结成微小的水滴，形成雾。由此可见，这种雾形成的气象条件是前一天白天和夜间是晴天，只要太阳出来以后，地面温度升高，气温随之升高，空气中容纳水汽的能力不断增大，雾便会逐渐变薄，直至消散。所以，民间有"十雾九晴天"的说法。

变幻的气象

为什么会下雪？

　　冬天温度低，地面温度一般都在0℃以下，而高空云层的温度就更低了。因此，云中的水汽直接凝结成小冰晶、小雪花，当这些雪花增大到一定程度，气流托不住它的时候，就会从云层里掉到地面上，这就是雪。如果有较强的上升气流，空气的温度比较高，像一只大手托着雪花似的，雪花在云层里长大的时间就会比较长，降下的雪花就比较大。雪花从云中下降到地面，可能多次合并而变得很大，鹅毛般的大雪就是这样形成的。当然，有时雪花互碰时不是互相合并在一起，而是相互间碰破了，就形成了单个的"星枝"形状。

 雪后景色

▲ 白雪皑皑的富士山

雪为什么是白色的?

　　雪是白色的,这是由构成雪花的无数冰晶所产生的反光造成的。由于冰对各种颜色的光的反射系数几乎都是相同的,而反射光和入射光又是完全同质的,因而在白天雪花就是白色的。当光进入雪表层的冰晶的时候,反射方向被轻微改变,然后传到下一个冰晶,并重复同样的过程。也许一个晶体的表面因为反光弱而显得透明,但多个晶体的反光就会使雪花几乎变成"镜子"。据研究,刚降落的雪能够反射95%的光线!所以,刚下的雪才会显得格外洁白。

变幻的气象

神奇的大自然

彩色的雪是怎么形成的？

　　雪带有各种颜色，这是因为雪中夹杂了不同颜色的物质。比如，在藻类植物分布广的地区，当红色、绿色、黄色藻类被带到高空与雪花粘在一起时，就会对雪起到染色作用，形成彩色的雪。德国海德堡的红雪是由于雪中混入了铁锈等混合物，意大利的黑雪是因亿万只针尖大小的黑色小昆虫粘在雪上，瑞典的黑雪是因为煤屑、粉尘玷污了洁白的雪。在我国内蒙古地区还曾出现过黄雪，这是由于黄尘粘在雪花上形成的。换言之，虽然有多种颜色的雪，但雪的本身仍是白色的。

▼ 玉龙雪山

▲ 雾凇

什么是雾凇?

　　雾凇俗称树挂，它不是冰，也不是雪，常附着于树枝、电线的地面物体上。一般当过冷水滴（低于0℃）碰撞到同样低于冻结温度的物体时，经过不断积聚冻粘，就会形成雾凇。由于雾凇对温度和湿度的要求很高，所以很多地方的条件都不够理想。而吉林雾凇以应时持久、分布密集、造型丰富享誉国内外。通常来说，雾凇是早上形成的，而且在冷却云环绕的山顶上最容易形成雾凇。

变幻的气象

雪花为什么是六角形的?

　　雪花的形态有多种多样，但大多数都是六角形的，这是为什么呢？

　　空气中的大量水汽遇冷后就会结成冰晶，冰晶很小，形状呈六角形。当冰晶在空气中飘浮，碰到水汽会不断变大而形成雪花。由于冰晶最稳定的形状是六角形，所以雪花也是六角形的。如果冰晶周围水汽多，六角形迅速增长，就形成星状；如果冰晶四周水汽很少，六个角不如两个底面增长快，便会形成柱状；如果水汽适中，则会形成片状雪花。

▼ 雪花

▲ 下雪前先下雪珠

为什么有时下雪前先下雪珠？

　　雪珠出现在雪前，它的形成与雪花的形成过程有关。雪珠与雪花的形成过程不同，它是在上升气流不强的地方，由云中的水汽直接在冰晶上凝结增大而成的。在初冬降雪的寒潮到来时，江南地区空气中的水汽还比较多，所以还能形成一些积雨云。在积雨云的前部及中部，由于上升气流较强，所以下降的多为雪珠。以后积雨云后部移到时，由于上升气流不强，降下的多为雪花。所以，雪珠是云中温度低于0℃时，许多小水滴与冰晶碰撞冻结而成的，它的形成必须有强烈的上升气流。

为什么会发生雪崩？

　　雪崩是积雪的大面积滑动造成的，造成雪崩的主要原因是山坡积雪太厚。积雪经阳光照射后，表层雪融化，雪水渗入积雪与山坡之间，使积雪与山坡地面的摩擦力减小；同时，积雪层不停地从山体高处借重力作用顺山坡向下坍塌，从而形成雪崩。雪崩的发生一般都非常偶然，有时是因为地震，有时一点点的震动或者声音都可能引发一场雪崩，比如动物踩裂雪面、有人大声说话等。雪山崩塌时，速度可达 20 ~ 30 米 / 秒，体积可以是几百立方米甚至几千立方米。

▼ 雪崩瞬间

▲ 风吹动树梢

为什么白天的风比晚上的大？

　　通常都是白天风大，晚上风小。这是因为白天地面温度上升快，使得空气上升，周围的冷空气过来补充；晚上地面散热快，降温也快，而地面空气因为有微弱的下沉、逆温存在而流动性微弱。所以，白天比晚上风大。如果有晚上比白天风大的相反情况出现，那多半是因为有外界系统的影响，比如冷锋在夜晚过境，气压梯度力变大，使得风力加大，白天因冷锋尚未到来，气压变化微弱，所以风力较小。

变幻的气象

为什么我国冬季刮西北风，夏季刮东南风？

这是由于我国海洋和陆地的气温高低不同造成的。在冬季，海洋降温慢，陆地降温快，海洋温度相对于陆地来说较高，而空气流动总是从冷空气方向流向热空气方向。所以，冬季的风总是从陆地吹向东南方的海洋，使得我国冬季总刮西北风。夏季时，海洋升温慢，陆地升温快，海洋温度相对于陆地来说较低，所以，风从海洋向陆地吹，使得我国夏天总是吹东南风。

▼ 飓风来临前的景象

▲ 风的力量是强大的

为什么刮西北风时特别冷?

　　刮西北风之所以冷,是因为风是从亚洲的内陆西伯利亚和蒙古高原吹来的。这些地区由于纬度比较高,获得的太阳热量少,加上冬季时白天时间短,地面接收的太阳热量更少,气温很低。每当刮西北风时,风就将这些干冷空气带到我国相关地区,干冷空气代替了原来比较温暖的空气,所以人们就感到非常寒冷。我国地域辽阔,西北风可从北方刮到南方。由于北方地区离寒冷空气的来源地近,受到的影响较大,所以气温就会很低。比如我国东北部的黑龙江省漠河镇,1月份平均气温达到 −32℃,最低能达到 −52.3℃,使我国几乎成为同纬度上最冷的国家。

变幻的气象

131

为什么冷空气到了海上会减弱？

　　当干冷空气移到海上时，由于海面温度高、湿度大，使得冷空气底层变热、变湿、变轻，产生上升运动，而上层未被增热的空气便下沉。下沉后的冷空气在海面被增热后又上升，而上层的冷空气再下沉。如此上下循环，就使整团冷空气的温度、湿度增加。之后，随着冷空气不断地向东南方向推进，冷空气势力减弱，与南方的暖湿空气的温差越来越小，交接面逐渐消失，冷空气也就慢慢变成暖空气了。所以，我们会感到雨雪减小，风力减小，这就是冷空气减弱的表现。

▼ 干热风

▲ 容易产生山谷风的地形

为什么山区内刮山谷风？

在山区，山谷风是很常见的。所谓山谷风，就是山风和谷风的合称。白天太阳出来后，使贴近山坡的空气温度升高，空气密度变小，质量变小，热空气就沿着山坡由山谷向山顶上升，便形成谷风。到了夜晚，太阳落山，山顶和山坡上的空气温度迅速下降，而积聚在山谷里的空气温度还比较高，这时山顶和山坡的冷空气就向山谷流动，形成山风。一般谷风通过山隘的时候，风速加大，有时会吹损谷地中的农作物。谷风厚度一般为谷底以上 500～1000 米，这一厚度还随气层不稳定程度的增加而增大，一天之中，以午后的伸展厚度为最大。山风厚度比较薄，通常只有 300 米左右。

变幻的气象

为什么陆地上的风比水面的风小？

　　海面、河面、江面及湖面上比陆地上的屏障少，对空气流动的阻力就小得多，所以风比较大。而在陆地上，由于地面地形起伏，而且有植被及建筑物阻碍等，对空气移动的阻力大，所以风比较小。

▼ 热带季风地区

为什么会刮沙尘暴？

沙尘暴的形成需要满足 3 个条件，那就是沙尘源、强风和不稳定的大气层。沙尘是基础，强风是动力，那么大气层的稳定性与沙尘暴有什么关系呢？原来，如果低层空气温度高，比较稳定，那么受风吹动的沙尘就不会被扬起很高；如果低层空气温度高，不稳定，那么风

▲ 沙漠中正在形成的沙尘暴

就会把沙尘扬起很高，形成沙尘暴。在我国北方地区，春季干旱少雨，土质疏松，加上气层的热力抬升作用，就很容易形成沙尘暴天气。而沙尘暴一般都是在午后到傍晚之间最强，就是因为这是一天中空气最不稳定的时段。

为什么海滨地带白天吹海风，夜间吹陆风？

白天，由于陆地受到太阳照射后，增温速度快，而海洋增温速度慢，温度比陆地低，因此，白天海滨地区的风是从海洋吹向陆地，即海风。到了晚上，陆地上的温度比海洋降得快，气温比海洋低，所以，风就从陆地吹向海洋，即陆风。因此，海滨地区白天与晚上吹不同方向的风，是由于海洋和陆地受到太阳照射后，增温速度不同引起的。海滨地带并不是每天都有海陆风出现，而且有时在冬季，从海洋吹向陆地的海风甚至感觉不到，这是因为冬季陆风特别大，海风往往表现不出来。

变幻的气象

龙卷风是怎么形成的？

关于龙卷风的成因目前还没有定论。一般认为，当强烈的上升气流到达高空时，如遇到很大水平方向的风，就会迫使上升气流向下倒转，从而产生许多旋涡。在上下层空气进一步激烈扰动下，这个旋涡会逐渐扩大，形成一个呈水平方向的空气旋转柱，旋转柱上端与云层相接，下端与地面或海面相接，这就是龙卷风。龙卷风经常伴随雷雨出现，虽然范围小，但它的内部空气稀薄，压力很低，就像一台巨大的吸尘器，直到风力减弱，才把吸进去的东西扔下来，破坏力很强。

▼ 龙卷风

为什么刮台风？

在海洋面温度超过 26℃以上的热带或副热带海洋上，由于近洋面气温高，大量空气膨胀上升，使近洋面气压降低，周围的空气便源源不断地补充流入进来。同时，在地球自转力的影响下，流入的空气旋转起来，就形成一个气旋。上升的热气流升入高空后变冷、凝结形成水滴时，要放出热量，又促使低层空气不断上升。这样一来，近洋面气压持续降低，空气旋转得更加猛烈，这样就形成了台风。

▲ 台风气旋

为什么台风眼区没有风？

台风眼位于台风中心内，直径 10 千米左右。由于外围的空气旋转极快，外面的空气不易进到里面去，所以台风眼区的空气几乎是不旋转的，因此也就没有风。而且，台风眼区空气是下沉的，在下沉时会导致气温升高，使天空雨消云散出现晴天，如果是夜晚还能看到一颗颗闪烁的星星。但是，这种晴好天气一般只能维持 6 个小时，等台风眼过去，接着又是狂风暴雨的恶劣天气。

变幻的气象

洪水产生的原因是什么？

　　洪水往往发生于多雨季节。由于短时间内雨量特别多，使得绝大多数雨水通过各种溪流、沟涧、渠道汇入江河，而江河本身蓄水量有限，一时汇集而无法及时排送，便形成了灾害性洪水。除了雨水，雪是洪水的第二大来源。某些地方山上的冰雪融化，流入

▲ 洪水泛滥

河道，也会大大提高河流流量。在沿海地区，海上的风暴有时会把海水推向沿海地区，造成严重的水灾。

为什么发生山体滑坡？

　　山坡上的岩石层和土层，在受到地下水和雨水的侵蚀及河流的冲刷后，会慢慢与倾斜的山坡脱离。到了一定程度，这些岩石层和土层就开始向下移动，山体滑坡就发生了。

▼ 暴雨后，山坡上的石头会被水冲下，形成山体滑坡

泥石流是什么原因造成的？

　　泥石流是因山体松动造成的，多发生于山地高原地区或高原冰川区。这种地方地形陡峭，植被较少，泥沙、石块等堆积物较多。一旦暴雨来袭或冰川解冻，石块吸足了水分，便出现松动，并顺着斜坡滑下来。随着互相挤压、冲撞，大大小小的泥石夹杂着泥浆水，汇成一股巨大的洪流滚滚而下，就形成了泥石流。泥石流往往能在短时间内流出数十万乃至数百万立方米的泥沙等物质，以致造成堵塞江河、破坏森林、摧毁道路等各种恶劣影响。

▼ 暴雨可造成山体松动

山崩是什么原因引起的？

　　山崩是指岩石在重力作用下发生的坍塌现象。山崩经常发生在山区较陡的地方，山坡越陡，土石就越容易下滑，山崩就越容易发生。此外，暴雨、洪水和地震是引起山崩的主要因素，而且山崩也常在大雨之后发生，因为雨水渗入地下，增加了土石的重量和下滑力。有时山石剥落受重力作用也会产生山崩，由于山崩，大地也会震动，在这种情况下，因果关系就颠倒过来了，不是地震引起山崩，而是山崩引起地震。

▼ 由山崩引发的洪水

▲ 地震后断裂的地面

为什么会发生地震？

    地球表面看起来很平静，其实地球上经常发生地震。地震绝大多数是由地壳运动引起的。地球内部总是在不断地运动，这种运动的力量特别大，能推动地球表面坚硬的岩石圈发生变化。当岩石圈无法承受这种巨大的力量时，就会发生断裂或错动。如果断裂来得非常突然且很巨大时，就会产生破坏力极大的地震波，波动传到地面，地震就发生了。地震发生的原因有很多，比如太阳和月亮对地球的引力作用、大气或水对地面压力的变化、火山爆发时的冲击力、地下石灰岩层的溶洞发生塌落等，都会引起地震。

▲ 地震云

为什么地震多发生在夜间？

　　据资料显示，1985 年我国境内发生了 25 次五级以上的地震，其中有 20 次发生在 19 时至次日 6 时，以此我们可以发现，地震多发生在夜间。这是为什么呢？其实，这是由于引力的作用，月亮可以使地壳涨落。一般在夜间时，尤其是农历月初或十五的夜间，由于月亮对地球的引力最大，可使地球表面上升很多，这就使得蓄势待发的地震发生了。

为什么火山会喷发？

　　地球内部的温度非常高，甚至可以熔化大部分岩石。岩石熔化后，便以液体的形态存在，这就是岩浆。岩浆温度很高，由于平时被地壳紧紧包住，很难自由流动。但地球内部的压力大小不一，比如在地壳较薄或有裂隙的地方，地下的压力相对较小，岩浆中的气体和水就有可能分离出来，加强岩浆的活动力，推动岩浆冲出地表。岩浆冲出地面，其中的气体和水蒸气迅速分离，体积急剧膨胀，火山喷发就发生了。

▼ 火山喷发

part 4

有趣的植物

为什么植物的根向下生长？

几乎所有植物的根都是向下生长的，这是为什么呢？原来，在根的顶端有一处像帽子的部分，这就是根冠。根冠的细胞里积累了大量的钙，控制着植物的根朝下生长。此外，地下水也是吸引根向地下生长的原因，而且越是潮湿的地方，根往往长得越密。但有些长在沼泽地里的树木，根会向上伸出淤泥。这是一种特别的呼吸根，它能适应淤泥里缺少氧气的环境条件。

▲ 树的根朝下生长

为什么有些植物能吃昆虫？

有些植物因为生长的环境没有足够的养分供它们生长（如没有充足的阳光或土质不佳等），它们便演化出捕食昆虫的技能。这些以捕食昆虫来做养分的植物，我们称它们为食虫植物。比如猪笼草，捕虫、吃虫是它独特的一种从外界摄取营养物质的本领。猪笼草长着一种吃虫子的特殊器官。猪笼草的顶端有一个膨大的囊状物，囊上有盖，囊内有弱酸性的消化液，只要蚊、蝇、蚂蚁等小昆虫爬到它滑润的边缘，便会无一例外地坠落囊里。小昆虫落入之后，很快便会被消化液溺死并消化，成为供猪笼草茁壮生长所需要的营养物质。

为什么有些植物的茎是空心的？

　　倘若切开植物的茎，我们看到最外层的是表皮，上面长着一些毛或刺；表皮里面是皮层，皮层中有一些薄壁组织和比较坚固的机械组织。这两层都比较薄，从皮层再往里面看，就是中柱部分。中柱部分含有一个个的维管束，这是植物茎中最重要的部分，是用来输送养分和水分的组织。中柱部分的正中心叫作髓，面积很大，都是些很大的薄壁细胞，功用是储存养料。有些植物如小麦、水稻、芹菜等，它们的茎是空心的，为什么会出现空心茎呢？

　　这是因为这些植物茎中髓的部分早已经萎缩消失，髓退化消失就好比建筑物中的填充物消失了，并不会影响到建筑的梁架，反而在髓退化消失之后，这些植物可将更多的养料用于建造机械组织和维管束部分，把它们建造得更加坚固。所以，茎中空的植物不容易折断或倒伏，非常坚实，这更利于植物的生存。

▼ 小麦的茎就是空心的

为什么草和树都是绿色的？

在地球上，许多植物都是绿色的，这是因为它们的叶片里含有许多微小的绿色颗粒，叫作叶绿体。在叶绿体的基粒中，含有叶绿体色素。色素分叶绿素和类胡萝卜素，其中，叶绿素分叶绿素 a 和叶绿素 b，主要吸收红橙光与蓝紫光；类胡萝卜素分胡萝卜素和叶黄素，主要吸收蓝紫光。叶绿体中的色素不只吸收红橙光和蓝紫光，还吸收其他波长的可见光，但它们对绿光的吸收量很少，所以许多植物都是绿色的。

▼ 绿色的田野

▲ 森林里的树木

为什么森林里的树长得很直？

为了让树木长得又高又直，人们往往对其进行人工修剪，但森林中的树木在没有人工修剪的情况下，也都长得又高又直，这是为什么呢？

森林中的树木多数长得又高又直，连树枝和树叶都长在树顶上，这和森林里拥挤的环境是分不开的。森林里树木密集，得到阳光的机会比单独生长的树木要少，为了生存，树木争先恐后地向上长。树木密集的地方通风差，处于低处的树枝因为得不到充足的阳光就不能制造养料，在消耗完了自身的养分后，枝叶就自然枯死了，这叫"自然整枝"。树顶的枝叶因为达到了一定的高度，就能得到充足的阳光，根又不断输送着水分和无机盐，这样就能得到所需要的营养。因此，高处的枝叶生命力强，长势好，树木也就越长越高，越长越直了。

有趣的植物

▲ 草的生命力极强

为什么野草"烧不尽"？

　　小草虽然很不起眼，但它的生命力却极其顽强，这与它的根是密不可分的。草的根很多，而且都深深扎进泥土深处。所以，即便在干旱缺水的地方，或是坑坑洼洼的石子路上，它都可以利用光合作用制造出自己所需的养分。另外，草的呼吸性能较差，相对消耗的能量也就少，这也是它能不断生长的一个原因。正是因为野草这种根系深可以保持更多营养及消耗能量低的特点，在秋冬时节，人们为了除草而用火烧其实只是破坏了草的枯叶，而不能伤害到它的根，等到了春天，它就又焕发了生机。